TECHNIK DER TIEFEN TEMPERATUREN

DEM III. INTERN. KÄLTE=KONGRESS IN CHICAGO 1913
VORGELEGT VON DER

GESELLSCHAFT FÜR LINDES EISMASCHINEN

ABTEILUNG FÜR GASVERFLÜSSIGUNG, MÜNCHEN

MIT 34 ABBILDUNGEN IM TEXT UND AUF EINER TAFEL

MÜNCHEN UND BERLIN 1913
DRUCK UND VERLAG VON R. OLDENBOURG

WIDMUNG.

Wir übergeben in den nachfolgenden Blättern den Mitgliedern des III. Internationalen Kältekongresses eine Übersicht von der Entstehung und dem Wachstume der „Technik der tiefen Temperaturen", welche in der Geschichte der Kälteindustrie einen neuen Abschnitt darstellt.

Ist es eine anerkannte Tatsache, daß unsere „Gesellschaft für Linde's Eismaschinen" bei der Entwickelung der modernen Kältetechnik in den letzten vierzig Jahren eine führende Rolle gespielt hat und heute noch auf dem Weltmarkte von keiner anderen Firma durch qualitative oder quantitative Leistungen auf diesem Gebiete überboten wird, so dürfen wir unbestritten in Anspruch nehmen, daß die neue Technik der tiefen Temperaturen in unseren Laboratorien und Werkstätten ins Leben gerufen worden ist.

Von der blühenden Industrie, welche wir hieraus entwickelt haben, werden auch in den Vereinigten Staaten den Besuchern des Kongresses mannigfaltige Beispiele entgegentreten, wobei ihnen das gegenwärtige Heft als Leitfaden dienen möge.

Gesellschaft für Linde's Eismaschinen
Abteilung für Gasverflüssigung in München.

INHALT.

———

Erster Teil

Die physikalischen und technischen Grundlagen.

Von Carl Linde.

A. Einleitung.

Die im 19. Jahrhundert ausgebildeten und in der Industrie heute gebräuchlichen Kältemaschinen beherrschen das Temperaturgebiet bis zu etwa —50° C. Die neue Technik der tiefen Temperaturen, welche hier geschildert werden soll, hat es mit Temperaturen zu tun, welche um mehr als 100° C unter dieser Grenze liegen.

Diese Technik der tiefen Temperaturen hat ihren Anfang genommen, als im Mai 1895 im Laboratorium der Gesellschaft für Linde's Eismaschinen in München die im zweiten Teil beschriebene Maschine in Betrieb kam, mittels welcher stündlich mehrere Liter Luft verflüssigt werden konnten. Im Jahre 1902 übergab die genannte Gesellschaft durch ihre neu gebildete »Abteilung für Gasverflüssigung« der Öffentlichkeit die erste Maschine zur Gewinnung von technisch reinem Sauerstoff aus verflüssigter Luft und begründete damit eine Industrie der Trennung von Gasgemischen durch tiefe Temperaturen, welche innerhalb eines Jahrzehntes fast in allen Kulturstaaten eingeführt ist und teilweise schon sehr große Dimensionen angenommen hat.

Die Grundlage für die Entwicklung dieses neuen Zweiges der Kältetechnik war gegeben durch die Forschungsarbeiten der Physiker (insbesondere Cailletet, v. Wroblewski und Olszewski), welche die Verflüssigung der bis dahin als permanent bezeichneten Gase zum Gegenstand hatten. Nachdem zunächst (durch Andrews 1868) festgestellt war, daß jedes Gas eine »kritische« Temperatur besitzt, oberhalb welcher die Abscheidung eines tropfbar flüssigen Teiles durch keinerlei Drucksteigerung herbeigeführt werden kann, handelte es sich zur Erreichung der Verflüssigung darum, bei den »permanenten« Gasen diese kritische Temperatur zu finden und zu unterschreiten. Zwei Methoden sind hiezu angewendet worden: 1. Die

»Nebelschleiermethode«, bei welcher in einem Glasrohr unter hohem Drucke das Gas bei erreichbar niedriger Temperatur eingeschlossen und sodann plötzlich entspannt wurde, wodurch eine solche Abkühlung infolge der geleisteten Expansionsarbeit stattfand, daß eine vorübergehende Nebelbildung beobachtet werden konnte und 2. die »Kaskadenmethode«, bei welcher stufenweise Stoffe von zunehmender Flüchtigkeit in der Weise aneinander gereiht wurden, daß die Kondensation je des flüchtigeren Gases unter höherem Drucke in einem Bad erfolgte, welches durch Verdampfung des je vorausgehenden Stoffes unter niedrigerem Druck gewonnen war. Diese beiden Methoden erschienen jedoch nicht geeignet für technische und industrielle Anwendung, weshalb von dem Verfasser ein neues Verfahren ausgebildet wurde.

B. Die Temperaturerniedrigung.

1. Thomson-Joule-Effekt.

Als Mittel für die Absenkung der Temperatur wählte der Verfasser die Abkühlungen, welche unter bestimmten Umständen bei der Entspannung von Gasen ohne Abgabe mechanischer Arbeit infolge von innerer (durch die Anziehungskraft zwischen den kleinsten Teilen bei der Volumenvergrößerung hervorgerufener) Arbeit eintritt und welche schon vor einem halben Jahrhundert für einige Gase innerhalb gewisser Grenzen durch Thomson und Joule experimentell festgestellt waren. (Unter »Entspannungsabkühlung« sind in dem Nachfolgenden die so definierten Temperatursenkungen verstanden.)

Für ein den Gesetzen eines »vollkommenen« Gases ($pv = RT$) streng folgendes Gas wäre jede Temperaturänderung bei der Entspannung ohne Leistung äußerer mechanischer Arbeit ausgeschlossen. Alle Gase zeigen aber Abweichungen von diesem Gesetz, welche in der Zustandsgleichung von van der Waals den Ausdruck gefunden haben:

$$\left(p + \frac{a}{v^2}\right)(v - b) = BT.$$

Das Glied $\frac{a}{v^2}$ stellt den Einfluß dar, welchen die inneren anziehenden Kräfte auf den Druck p bei dem Volumen v haben, während der Wert b den Rauminhalt der kleinsten Teile (ihr »Covolumen«) ausdrückt.

Aus dieser Zustandsgleichung folgt, daß bei dem Übergang von kleinerem zu größerem Volumen der erste Klammerwert eine Abnahme, der zweite Klammerwert eine Zunahme der Temperatur T bedingt. Von dem Überwiegen des einen oder des anderen Einflusses wird es abhängen, ob mit der Entspannung eine Abkühlung oder eine Erwärmung verbunden ist. Bei bestimmten Werten von v werden für bestimmte Werte von T die beiden Einflüsse sich gerade kompensieren, ein Grenzgebiet darstellend, bei welchem der Übergang von Abkühlung zu Erwärmung des Gases, die »Inversion« der Temperaturänderung stattfindet.

T h o m s o n und J o u l e hatten innerhalb der Drücke von 1—6 Atm. und innerhalb der Temperatur von 0° C bis ungefähr 100° C gefunden, daß bei Zimmertemperatur atmosphärische Luft eine Abkühlung von ca. $\frac{1}{4}$° C pro Atmosphäre, Kohlensäure eine solche von etwa $\frac{5}{4}$° C zeige, wogegen Wasserstoff eine leichte Erwärmung erkennen ließ. Ferner fanden sie, daß bei atmosphärischer Luft die Abkühlung mit abnehmender absoluter Temperatur T rasch zunahm und gaben für diese Abkühlung die Formel:

$$dt = 0{,}276 \left(\frac{273}{T}\right)^2 dp.$$

Durch neuere Versuche[1]) ist festgestellt, daß mit zunehmendem Druck die Abkühlung pro Atmosphäre proportional abnimmt, so zwar, daß bei Zimmertemperatur die Inversionsgrenze erreicht ist, wenn der Druck bis zu etwa 310 Atm. gesteigert wird, und daß sich die Abkühlung nunmehr berechnen läßt aus der Gleichung:

$$dt = (0{,}268 - 0{,}00086\,p) \left(\frac{273}{T}\right)^2 dp.$$

Der von T h o m s o n und J o u l e gefundene Wert von $\frac{1}{4}$° C pro Atmosphäre bei atmosphärischer Luft erschien so unbedeutend, daß diese Versuchsergebnisse geringe Beachtung fanden, und daß insbesondere die Technik auf dem Satze stehen blieb, es könne mit einer Kaltluftmaschine Kälte nicht erzeugt werden ohne Leistung und Abgabe mechanischer Arbeit. Indessen ließ sich diese fast wesenlos erscheinende Wirkung auf Grund der folgenden Erwägungen zu hohen Leistungen steigern:

1. Wenn man an Stelle der bei Kaltluftmaschinen üblichen Drücke (ca. 5 Atm.) hohe Drücke anwendet, so ergeben sich schon namhafte Abkühlungsbeträge, z. B. (ausgehend von 0° C):

---

[1]) Emil V o g e l, Über die Temperaturveränderung von Luft und Sauerstoff beim Strömen durch eine Drosselstelle. Berlin 1910.

bei 100 Atm. 22,7⁰ C,

   » 200   » 39,0⁰ »

   » 300   » 46,0⁰ »

2. Durch Vorkühlung der zur Entspannung gelangenden komprimierten Luft mittels einer gewöhnlichen Kältemaschine lassen sich die Entspannungsabkühlungen nicht unerheblich steigern, z. B. erhält man durch Vorkühlung auf —30⁰ C Steigerungen um ca. 27%.

3. Während die Abkühlungen nahezu proportional mit der Druckdifferenz zunehmen, so wächst der Arbeitsverbrauch für die Kompression mit dem Verhältnis der Drücke; z. B. wird bei der Entspannung von 100 auf 10 Atm. eine nahezu 10 mal so starke Abkühlung erzielt werden, als bei Entspannung von 10 auf 1 Atm., während in beiden Fällen die Kompressionsarbeit die gleiche ist.

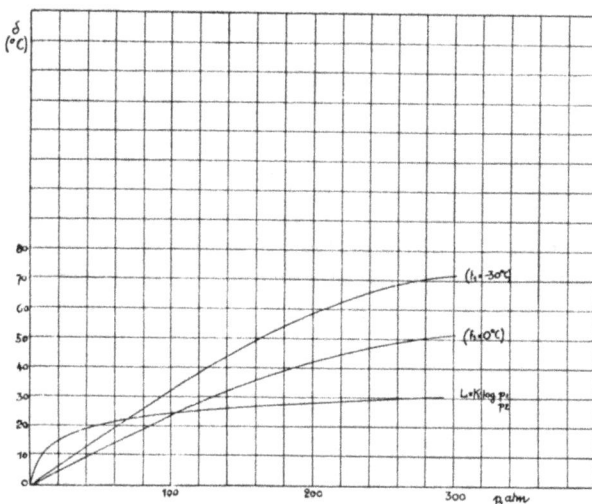

Fig. 1.

Fig. 1 zeigt einerseits das Wachstum der Abkühlungen δ mit wachsender Anfangsspannung p_1 bei anfänglichen Temperaturen von 0⁰, sowie von —30⁰ C und bei Entspannung auf atmosphärischen Druck anderseits das Anwachsen der erforderlichen Kompressionsarbeit L. In Fig. 2 sind die Abkühlungen δ bei Entspannungen von 1,5 und 10 atm. dargestellt für verschiedene Druckverhältnisse $p_1 : p_2$. Faßt man hiebei den kleinen Wert ins Auge, welcher durch Entspannung von 5 auf 1 Atm., also bei solchen Verhältnissen erzielbar ist, wie sie in den Kaltluftmaschinen üblich sind, so ist es verständlich, daß dieser geringe Abkühlungseffekt keiner Beachtung wert erschien, wogegen Fig. 2 ersichtlich macht, wie hoch die Entspannungsabkühlung durch geeignete Führung des Arbeitsprozesses ohne Erhöhung der Kompressionsarbeit gesteigert werden kann.

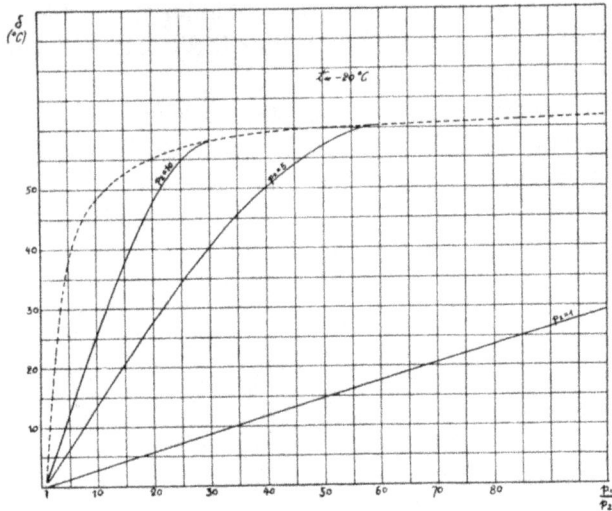

Fig. 2.

Fig. 3 endlich zeigt, wie sich für wachsende Druckverhältnisse $p_1 : p_2$ von 0 bis 20 und für die ihnen entsprechenden Werte der Kom-

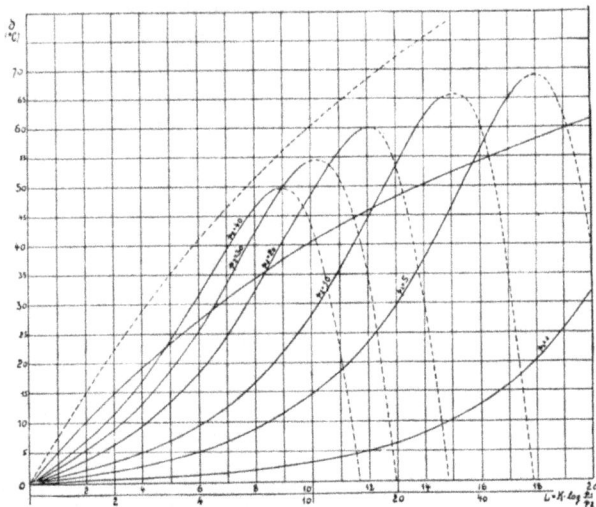

Fig. 3.

pressionsarbeit L bei verschiedenen Endspannungen p_2 die Thomson-Joule'schen Abkühlungen zu den Temperaturabnahmen verhalten, welche durch adiabatische Druckabnahme im Expansionszylinder (punktierte, vom Nullpunkt ausgehende Linie) erzielt werden können. Die darunter ausgezogene Linie zeigt, daß bei Annahme eines Wirkungsgrades $= \frac{2}{3}$ (wie er günstigsten Falles in Kaltluftmaschinen erzielt wird) die ersteren Abkühlungen die letzteren bei gleicher Kompressionsarbeit bereits zu überschreiten vermögen.

2. Der Gegenstromapparat.

Um nun aber die kritische Temperatur des Sauerstoffs (—119° C), des Stickstoffs (—146° C) und der atmosphärischen Luft (—141° C) zu erreichen und zu unterschreiten, genügen einzelne Entspannungsabkühlungen nicht entfernt. Es handelte sich also darum, dieselben zu akkumulieren. Hiezu hat eine Methode gedient, welche schon bei den Kaltluftmaschinen insoweit angewendet wurde, als in einem Gegenstromapparat die komprimierte Luft durch die aus den gekühlten Räumen zurückkehrende Luft so vorgekühlt wurde, daß in dem Expansionszylinder die Anfangstemperatur erniedrigt war. William S i e m e n s wollte im Jahre 1857 dieses Hilfsmittel laut einer vorläufigen Patentanmeldung in der Weise systematisch ausbilden, daß er die je am Ende einer Expansion erlangte Temperatursenkung zu weiterer Vorkühlung komprimierter und zur Expansion gelangender Luft zu verwenden und solange damit fortzufahren gedachte, bis das gewollte Temperaturniveau erreicht sein würde. Dieses von S i e m e n s unvollendet und unbenutzt gelassene Verfahren wurde nun dazu verwendet, die einzelnen T h o m s o n - J o u l e - Effekte bis zur Verflüssigungstemperatur des angewendeten Gases zu akkumulieren.

3. Expansion unter Abgabe mechanischer Arbeit.

(Expansionszylinder).

Es liegt für den Kältetechniker die Frage nahe, warum der Verfasser nicht das bei den Kaltluftmaschinen bis dahin allein übliche Verfahren der Luftexpansion unter Leistung äußerer Arbeit (in einem Expansionszylinder oder einer Turbine) seinem Gasverflüssigungsverfahren zugrunde gelegt hat. Vom theoretischen Stand-

punkte aus waren die Vorteile offenkundig, welche für das Leistungsverhältnis (d. h. für die pro Arbeitseinheit erzielbare Kälteleistung)
mit der Expansion unter Abgabe von mechanischer Arbeit nach
außen verbunden sind. Waren doch alle Techniker bis zum Jahre
1895 von der Notwendigkeit derselben für die Expansionsabkühlung
von Luft überzeugt. So hat William S i e m e n s schon in der oben-
erwähnten prov. Spezifikation den Arbeitszylinder zugrunde gelegt,
und S o l v a y hat später bei seinen (erst im Jahre 1896 durch seine
Mitteilung in der Pariser Akademie bekannt gewordenen) Versuchen
denselben angewendet.

Auch H a m p s o n , welcher im Mai 1895 eine prov. Spezifikation
eingereicht hat, welche später von ihm und Anderen zu Prioritäts-
ansprüchen gegenüber dem Verfasser herangezogen worden ist, hat
lediglich an die Abkühlung im Expansionszylinder gedacht, wie
aus dem kurzen nachstehenden Wortlaut jener Spezifikation her-
vorgeht:

»The usual cycle of compression, cooling and expansion is
modified by using all the gas after its expansion to reduce as
nearly as possible to its own temperature the compressed gas
which is on its way to be expanded.«

Unter dem »usual cycle of compression cooling and expansion«
kann offenbar nur der damals allein bekannte, in den Kaltluftmaschinen angewendete, Arbeitsprozeß verstanden sein. Vom T h o m -
son-Joule-Effekte ist mit keinem Wort die Rede und erst im
April 1896 wird derselbe in H a m p s o n s endgültiger Patentbeschreibung erwähnt und erst in diesem Zeitpunkt produzierte H a m p s o n
den ersten darauf beruhenden Versuchsapparat in Brins Oxygen
Works in London.

Zwei Schwierigkeiten stellten sich in der Meinung des Verfassers dem Expansionszylinder in den Weg. Einerseits war damals
kein Stoff bekannt, welcher als Material zur Schmierung von Kolben
und Stopfbüchsen hätte dienen können, und anderseits erschien
die Wärmeisolierung der bis zur Verflüssigungstemperatur der Luft
gekühlten Teile durch den Arbeitszylinder und den Antriebsmechanis-
mus wesentlich erschwert, wie denn auch S o l v a y s Versuche
hieran gescheitert sind.

Inzwischen hat C l a u d e diese Schwierigkeiten zu überwinden
verstanden, wobei ihm zugute kam, daß F. K o h l r a u s c h und
A. v. B a e y e r im Laboratorium des Verfassers festgestellt hatten,
daß Petroläther bis zur Luftverflüssigungstemperatur flüssig bleibt
und demnach als Schmiermittel brauchbar ist.

Wenn nunmehr also die Temperaturabsenkung im Arbeitszylinder möglich geworden ist, so bedarf die Beibehaltung der Entspannung ohne Arbeitszylinder einer besonderen Erklärung. Im nachstehenden soll deshalb gezeigt werden, daß durch entsprechende Gestaltung des T h o m s o n - J o u l e - Effektes ebenso günstige Leistungsverhältnisse erzielt werden können, wie sie mit dem Expansionszylinder erreicht worden sind. Es bleibt alsdann die Einfachheit der Expansionsvorrichtung und ihrer Bedienung ein Vorzug des ersteren Verfahrens.

Die graphische Darstellung in Fig. 2 und 3 hat gezeigt, wie die Entspannungsabkühlungen bei gleichbleibendem Druckverhältnis, also auch gleichbleibendem Arbeitsverbrauch, mit der absoluten Größe der Drücke wachsen. Im Gegensatz hierzu ist die Expansionsabkühlung durch Leistung äußerer Arbeit lediglich von dem Druckverhältnis abhängig und wird durch die absoluten Drücke nicht beeinflußt. Hierin liegt also ein Mittel, um die Leistungsverhältnisse des T h o m s o n - J o u l e - Effektes günstig zu gestalten, welches der Abkühlung durch Abgabe mechanischer Arbeit fehlt. Von diesem Mittel macht die Gesellschaft für L i n d e's Eismaschinen weitgehenden Gebrauch, insbesondere für diejenige industrielle Anwendung, welche zurzeit die größte Rolle spielt, nämlich für die in dem nächsten Kapitel beschriebene Gewinnung von Sauerstoff und Stickstoff aus verflüssigter Luft. Wie daselbst gezeigt werden wird, besteht für die Durchführung des Trennungsprozesses das Bedürfnis: Einerseits die zur Trennung bestimmte Menge von atmosphärischer Luft auf denjenigen Druck p_2 (etwa 5 Atm.) zu bringen, bei welchem ihre Verflüssigungstemperatur etwas höher ist als der Siedepunkt des Sauerstoffs, und anderseits diejenige Kältemenge zu produzieren, welche zur Deckung aller Kälteverluste in dem Apparat erforderlich ist. Es handelt sich für den letzteren Zweck also um die Frage, auf welchen Druck p_1 muß die atmosphärische Luft gebracht werden, um durch Entspannung auf p_2 dieses Kältequantum zu liefern? In den C l a u d e'schen Apparaten (mit Expansionszylinder) wird die ganze zur Trennung bestimmte Luftmenge auf p_1 gebracht (in der Regel auf 20—25 Atm.). Geschieht dasselbe bei den L i n d e'schen Apparaten (ohne Expansionszylinder), so muß der Druck p_1 in der Regel 50—60 Atm. betragen[1]). Nun

---

[1]) Bei Ausrechnung der in den beiden Fällen produzierten Kältemengen muß beachtet werden, 1. daß der thermische Wirkungsgrad des Arbeitszylinders ein weit geringerer ist als der der Drosselvorrichtung, und 2. daß die Kälteverluste durch den Expansionszylinder erhöht werden.

aber kann bei letzteren Apparaten derselbe Kälteeffekt erzielt werden, wenn nicht die ganze Luftmenge sondern nur ein Teil (x) derselben von p_2 auf den Druck p_1^1 gebracht wird, welcher so zu bemessen ist, daß $x\,(p_1^1 - p_2) = p_1 - p_2$. Wird z. B. ein Drittel der Luftmenge auf p_1^1 komprimiert, so muß der Druck p_1^1 ungefähr 150 Atm. betragen. Da aber die Arbeit, welche nötig ist, um 1 cbm Luft von 5 auf 150 Atm. zu komprimieren, kleiner ist als die zur Kompression von 3 cbm Luft von 5 auf 20 Atm., so wird es ohne weiteres verständlich, warum auf solche Weise mindestens das gleiche Leistungsverhältnis mit T h o m s o n - J o u l e - Effekt erzielt werden kann als mit dem Expansionszylinder.

In der Tat verbrauchen die nach diesem Verfahren ausgeführten Sauerstoff- und Stickstoffanlagen der Gesellschaft für L i n d e's Eismaschinen nicht mehr Kraft pro cbm des Produktes als die C l a u d e schen Anlagen mit Expansionszylinder.

C. Die Trennung von Gasgemischen.

1. Trennung mittels Verdampfung verflüssigter Gasgemische.
(Gewinnung von Sauerstoff und Stickstoff.)

a) D e r   K ä l t e b e d a r f (Wiedergewinnung der Kälte).

Der naheliegende Gedanke, daß die Verschiedenheit der Verdampfungstemperaturen von Sauerstoff und Stickstoff zu deren Trennung benutzt werden könne, scheint zuerst in einer Patentbeschreibung von P a r k i n s o n im Jahre 1892 ausgesprochen zu sein, blieb aber unbeachtet und ohne Konsequenzen, weil damals noch kein technisches Luftverflüssigungsverfahren existierte, insbesondere aber auch deshalb, weil der P a r k i n s o n schen Idee die Grundlage für eine industrielle Brauchbarkeit mangelte, welche der Verfasser in seinem Sauerstoffpatent vom Juni 1895 in nachstehender Weise dargelegt hat. Die für die Verflüssigung der atmosphärischen Luft erforderliche Arbeit ist so erheblich, daß die Kosten für die Gewinnung ihrer getrennten Bestandteile bei der Wiederverdampfung die wirtschaftliche Anwendung derselben ausschließen müßten, wenn tatsächlich diese Arbeit für die zur Verflüssigung gelangende Luft vollständig aufzuwenden wäre. Der Umstand nun aber, daß die Trennungsprodukte weder im flüssigen Zustande noch mit der tiefen Temperatur der Verflüssigung aus dem Arbeitsvorgang hervorgehen müssen, sondern als Gas von gewöhnlicher Temperatur die Apparate verlassen können, bietet die Möglichkeit, die für die Abkühlung und Verflüssigung erforderliche Kälte dadurch wieder zu gewinnen, daß 1. die Verdampfungsprodukte im Gegenstromapparat der eintretenden komprimierten Luft entgegengeführt werden, wobei ein

Austausch der spezifischen Wärme stattfindet und 2. die hierdurch nahezu auf Verflüssigungstemperatur gebrachte komprimierte Luft in einem Röhrensystem kondensiert wird, welches von der nach dieser Kondensation entspannten Flüssigkeit umgeben ist, wobei die Kondensationswärme von dieser zur Verdampfung gelangenden Flüssigkeit aufgenommen wird. P a r k i n s o n spricht wohl vom Austausch der Verdampfungsprodukte gegen die eintretende Luft im Gegenstromapparat, wogegen er die zur Verdampfung der flüssigen Luft erforderliche Wärme der Atmosphäre entnehmen wollte.

b) F r a k t i o n i e r t e V e r d a m p f u n g.

Zur Gewinnung der erforderlichen physikalischen Grundlagen wurde zunächst im Laboratorium der Gesellschaft für L i n d e's Eismaschinen festgestellt, wie sich während der Verdampfung einer gegebenen Menge von flüssiger Luft das Verhältnis von Sauerstoff

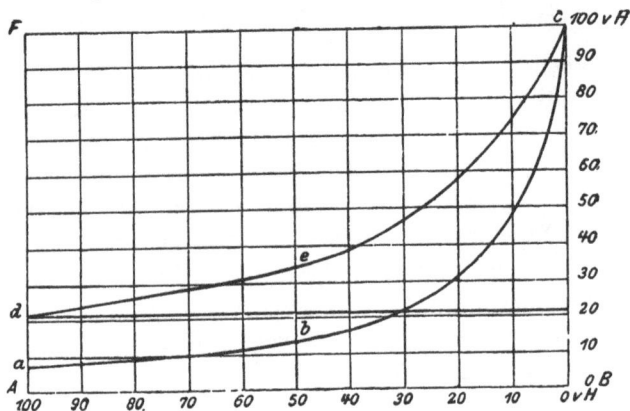

Fig. 4.

und Stickstoff ändert, und ergab sich hierfür die aus Fig. 4 ersichtliche Gesetzmäßigkeit (veröffentlicht in den Sitzungsberichten der Bayer. Akademie der Wissenschaften 1899, Heft 1), welche später durch eine Veröffentlichung von B a l y bestätigt und auf sauerstoffärmere Flüssigkeiten ausgedehnt wurde. Der Verlauf der Veränderung in der volumetrischen Zusammensetzung der Verdampfungsprodukte ist durch Kurve a, b, c und in der Zusammensetzung des jeweils noch flüssigen Teils durch Kurve d, e, c dargestellt. Die Fläche über a, b, c bis zu irgendeinem Punkte der letzteren (von A, F bis zu der durch einen solchen Punkt gelegten Ordinate) gibt ein Bild von der bis dahin verdampften Stickstoffmenge, die Fläche unter a, b, c von der zugehörigen Sauerstoffmenge. Fängt man die Verdampfungsprodukte in verschiedenen Abschnitten der Verdampfung getrennt auf, so kann man Gasgemische von beliebiger Zusammensetzung erhalten. Allerdings besteht erst im letzten Augenblick der Verdampfung die Flüssigkeit aus reinem Sauerstoff.

Nachdem der Verfasser auf den beiden Grundlagen: 1. Wiedergewinnung der ganzen zur Abkühlung und Verflüssigung erforderlichen Kälte und 2. getrennte Abführung der Verdampfungsprodukte in den verschiedenen Stadien der Verdampfung sein Verfahren zur Gewinnung sauerstoffreicher Gemische bekannt gemacht hatte, wurde die Aufgabe von vielen Seiten zum Gegenstand literarischer, experimenteller und alsdann auch industrieller Tätigkeit gemacht. Allen hierauf bezüglichen Publikationen ist bis zum Jahre 1902 gemeinsam der Grundsatz: Anreicherung der verdampfenden Flüssigkeit an Sauerstoff dadurch, daß der flüchtigere Stickstoff zuerst bzw. in reichlicherem Maße abdampft wie der Sauerstoff und demgemäß gemeinsam auch als erreichbarer Effekt nicht reiner Sauerstoff, sondern nur sauerstoffreiche Gemische. Die Bemühungen sind dabei meist nur dahin gerichtet, durch konstruktive Gestaltung der Apparatur einen kontinuierlichen Betrieb mit möglichst guter Ausbeute zu erlangen.

c) Rektifikation.

Nachdem sich indessen herausgestellt hatte, daß in der Industrie kein Bedürfnis nach sauerstofffreien Gemischen, sondern nur nach technisch reinem Sauerstoff bestand, so richtete der Verfasser seine Bemühungen auf dieses Ziel. Durch Patent vom Februar 1902 wurde ihm das Rektifikationsverfahren geschützt, welches er bei der Hauptversammlung des Vereins deutscher Ingenieure[1]) im Juni 1902 darlegte und begründete. Dasselbe beruht darauf, daß 1. die komprimierte Luft bei ihrer Kondensation nicht an flüssige Luft, sondern im Beharrungszustand an flüssigen und hierdurch zur Verdampfung gebrachten Sauerstoff ihre Kondensationswärme abgibt, und 2. daß der so entwickelte Dampfstrom von Sauerstoff in einer »Rektifikationskolonne« einem Strom der verflüssigten und entspannten Luft so entgegengeführt wird, daß der Sauerstoff sich an dem Flüssigkeitsstrom kondensiert und aus demselben der flüch-

---

[1]) Zeitschr. d. Ver. d. Ingen. 1902.

tigere Stickstoff abdampft, daß also aus der Kolonne unten technisch reiner Sauerstoff ausfließt, oben aber dasjenige Dampfgemisch
austritt, welches mit der dort eintretenden Flüssigkeit (nach Fig. 4)
im Gleichgewicht steht. Da diese Flüssigkeit zunächst atmosphärische
Zusammensetzung hat, so muß das austretende Gasgemisch noch
mindestens 7% Sauerstoff enthalten, so daß zwei Dritteile des in
der verarbeiteten Luft enthalenen Sauerstoffs gewonnen werden
können. Zur Erklärung der Sauerstoffkondensation braucht nur

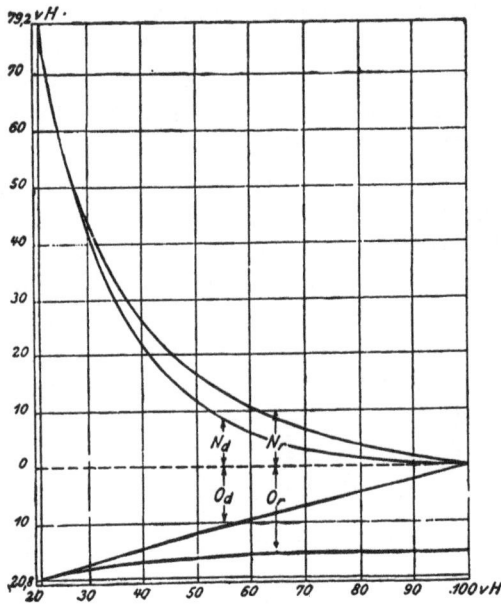

Fig. 5.

beachtet zu werden, daß die Temperatur der oben in die Kolonne
eingeführten Flüssigkeit um etwa 13° C niedriger ist als die Temperatur des Sauerstoffdampfes.

Der aus solcher Rektifikation gegenüber der bloßen frak-
tionierten Verdampfung erzielbare Gewinn ist in Fig. 5 veranschau-
licht. Die Ordinaten N_d und O_d zeigen diejenige gewinnbare Menge
von Stickstoff und Sauerstoff, welche bei Anwendung der letzteren
den als Abszissen aufgetragenen Sauerstoffanreicherungen entsprechen,
während N_r und O_r sich auf dieselben Werte unter Anwendung der
Rektifikation beziehen.

Seit dem Juni 1902 gehen nunmehr alle auf Gewinnung von Sauerstoff aus verflüssigter Luft gerichteten literarischen und industriellen Arbeiten ausschließlich von der Anwendung der Rektifikation aus.

Einen neuen fruchtbaren Gedanken hat indessen nur C l a u d e hinzugebracht, indem er (mittels seines »Retour en arrière«) schon bei der Verflüssigung der komprimierten Luft eine Trennung in einen sauerstoffreicheren und einen sauerstoffärmeren Teil herbeiführt, und daß er der Kolonne nur den letzteren Teil oben, den ersteren aber in der Mitte zuführt. Hierdurch wird erreicht, daß die sauerstoffärmere Waschflüssigkeit im Gleichgewichtszustand einer austretenden Gasmenge entspricht, welche weniger als 7% Sauerstoff enthält, so daß die Ausbeute an dem zurückgehaltenen Sauerstoff sich erhöht.

Dieselbe Wirkung wurde von der Gesellschaft für L i n d e's Eismaschinen dadurch erzielt, daß sie die Rektifikation in zwei übereinander liegenden Kolonnen vollzieht, wobei der oberen Kolonne eine Waschflüssigkeit zugeführt wird, welcher durch die Wirkung der unteren Kolonne bereits der größte Teil des Sauerstoffs entzogen ist.

2. Gastrennung durch partielle Kondensation.

Gewinnung von Wasserstoff und Kohlenoxyd.

Handelt es sich darum, solche Bestandteile von Gasgemischen zu trennen, deren Verdampfungstemperaturen sehr weit auseinander liegen, so erscheint nicht die Verflüssigung des gesamten Gasgemisches erforderlich, sondern es kann die Scheidung dadurch herbeigeführt werden, daß der weniger flüchtige Bestandteil durch geeignete Temperaturen und Drücke zur Kondensation gebracht wird, während die flüchtigen Bestandteile in der Gasform verbleiben. Ein solches Verfahren ist von der Gesellschaft für L i n d e's Eismaschinen insbesondere für die Ausscheidung von Wasserstoff aus Wassergas ausgebildet und unter dem Namen L i n d e - F r a n k - C a r o - Verfahren in die Industrie eingeführt worden. Nachdem aus dem Wassergas die störenden Nebenbestandteile durch geeignete Absorption beseitigt sind, besteht die Aufgabe darin, die erheblichen Mengen von Kohlenoxyd und die kleineren Mengen von Stickstoff zur Verflüssigung zu bringen. Denkt man sich das Gasgemisch unter atmosphärischem Drucke auf die Siedetemperatur dieser beiden Bestandteile (—195° für Stickstoff und —191° für Kohlenoxyd) abgekühlt, so wird die Teilspannung derselben ungefähr der prozentualen Zusammensetzung entsprechen. Durch Erhöhung des Drucks sowie durch Herabminderung der Temperatur wird es alsdann möglich sein, diese Teilspannung beliebig zu verkleinern und auf solche Weise technisch reinen Wasserstoff herzustellen. Die Erfahrung hat gelehrt, daß diese Reduktion der Teilspannung nicht in einfach umgekehrtem proportionalen Verhältnis zu der Druckerhöhung steht — eine Folge des Umstandes, daß Wasserstoff und Kohlenoxyd nicht ein einfaches mechanisches Gasgemisch darstellen. Mit größerer Energie wirkt die Abminderung der Kondensationstemperatur auf die Reduktion der Teilspannung von Kohlenoxyd und Stickstoff, also auf die Reinheit des gewonnenen Wasserstoffs.

Zweiter Teil:

Die industrielle Entwicklung.

Von R. Wucherer.

Luftverflüssigung.

Nachdem im Laboratorium der Gesellschaft für Linde's Eismaschinen im Mai 1895 der erste Linde'sche Luftverflüssigungsapparat in Funktion getreten war, wurde zunächst mit der Fabrikation dieser Apparate begonnen, und im Laufe der folgenden Jahre wurden zahlreiche Verflüssigungseinrichtungen an physikalische und chemische Laboratorien des In- und Auslandes geliefert, denn zunächst hatten nur Physiker und Chemiker Interesse an den Apparaten, um das Verhalten der Stoffe bei den tiefen Temperaturen zu studieren. Die Apparate wurden in verschiedenen Größen von 1—50 l Stundenleistung gebaut und hatten die in Fig. 1 dargestellte Einrichtung.

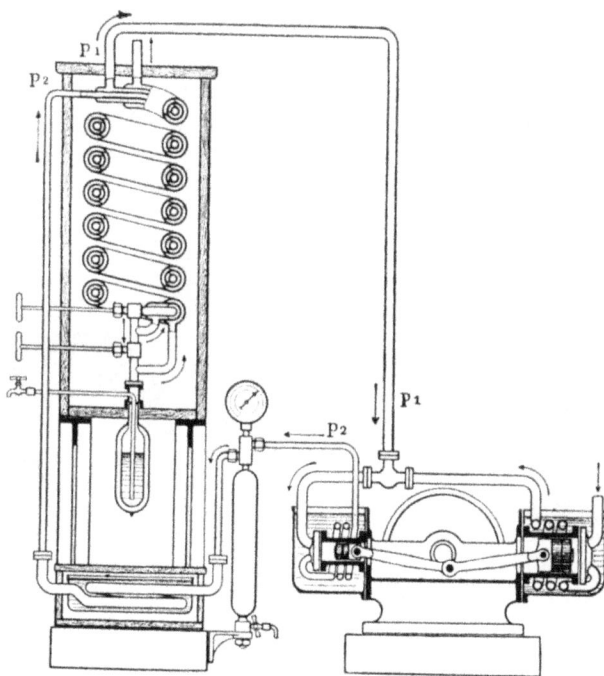

Fig. 1. Luftverflüssigungsapparat.

Der erste Zylinder eines zweistufigen Kompressors saugt Luft an und komprimiert sie auf einen zwischen 20 und 50 Atm. liegenden Druck. Der zweite Zylinder fördert von diesem Druck auf 200 Atm. Die hochkomprimierte Luft geht durch das innerste Rohr einer dreifachen Spirale zum Regulierventil a, wobei sie durch Gegenstromwirkung von der aus dem Apparate kommenden Luft vorgekühlt wird. Bei der Entspannung verflüssigt sich nun ein Teil, während ein anderer Teil durch das mittlere Rohr der Spirale zum Kompressor zurückgeht und bei p_1 in die Leitung zwischen erster und zweiter Stufe eintritt. Die gebildete Flüssigkeit wird durch das Ventil b in den Sammelbehälter c abgelassen, von wo sie durch einen Hahn entnommen werden kann. Die bei der Entspannung durch b verdampfte Luft verläßt durch das äußerste Rohr der Spirale den Apparat. Der erste Zylinder hat also im wesentlichen nur soviel Luft zu fördern, als dem Apparat flüssig entnommen werden soll und außerdem noch eine gewisse Reserve, die zur Deckung der Verluste durch Undichtheiten, Verdampfung usw. nötig ist. Den Hochdruckkreislauf, durch den die zur Verflüssigung nötige Kälte erzeugt wird, besorgt der Hochdruckzylinder allein. In der Stahlflasche f wird das bei der Kompression und nachfolgenden Abkühlung gebildete Wasser ausgeschieden. In der Schlange g, die in einer Kältemischung liegt, wird die vom Kompressor kommende Luft vorgekühlt. Der Öffentlichkeit wurden diese Maschinen auf den Ausstellungen in Nürnberg 1896, München 1898 und Paris 1900 gezeigt.

Fig. 2. Höllriegelskreuth.

Sauerstoff.

Schon im Jahre 1895 nannte Professor Schröter auf der Hauptversammlung des Vereins deutscher Ingenieure in Aachen in seinem
Bericht über die Erfolge der Linde'schen Versuche als Endziel derselben die Trennung der Luft in ihre Bestandteile und die Gewinnung des Sauerstoffs, und dieses Ziel
wurde mit großem Eifer und zahl-
reichen Versuchen weiter verfolgt.

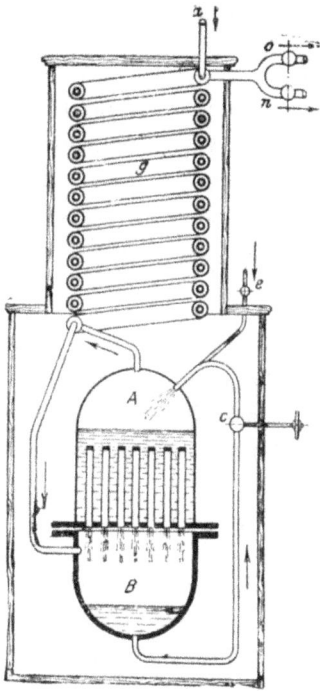

Fig. 3. Sauerstoffapparat mit 1 Verdampfer.　　Fig. 4. Sauerstoffapparat mit 3 Verdampfern.

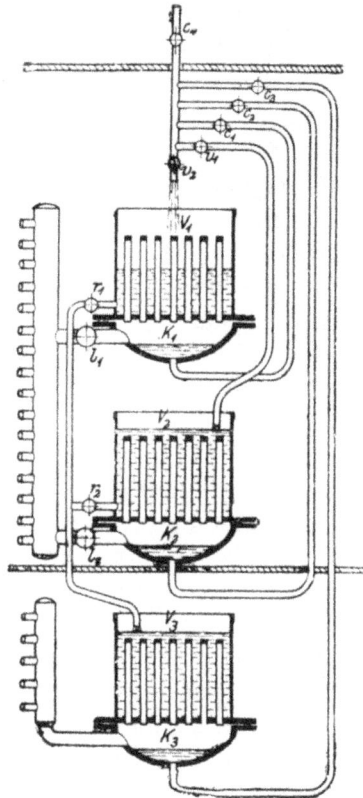

Die Apparate setzten sich von Anfang an aus zwei Bestand-
teilen, dem Gegenstrom und der Trennungseinrichtung, zusammen,
ersterer zur Übertragung der spezifischen Wärme, letztere im wesentlichen Kondensatoren darstellend.

Der erste Apparat war für intermittierenden Betrieb eingerichtet und zeigte im Prinzip die Anordnung von Fig. 3. In dem
Kessel A wurde die flüssige Luft eingedampft. Die entweichenden

Dämpfe traten durch den Gegenstrom *g* nach außen. Bei Beginn des Prozesses wurden die Dämpfe durch die Leitung *n* weggelassen; war die Flüssigkeit so weit eingedampft, daß die Dämpfe den gewünschten Sauerstoffgehalt hatten, so wurde die Leitung *n* geschlossen und Leitung *o*, die zum Gasometer führte, geöffnet. Die Verdampfung der Flüssigkeit wurde durch komprimierte Luft bewirkt, die sich dabei kondensierte. Die flüssige Luft sammelte sich in *B* an. War *A* leer, so war *B* gefüllt, und nun ließ man durch Ventil *c* die flüssige Luft aus *B* nach *A*, worauf der Prozeß von neuem begann.

Den nächsten Apparat zeigt Fig. 4. Bei diesem Apparat war erreicht, daß wenigstens Sauerstoff ohne Unterbrechung verdampft wurde, wenn auch die Gesamtarbeitsweise noch nicht als kontinuierlich bezeichnet werden konnte. Hier ist gewissermaßen das Gefäß *A* des ersten Apparates in drei Teile geteilt, und zwar dienen zwei Gefäße für die Abdampfung des stickstoffreichen, das dritte für die Verdampfung des sauerstoffreichen Teils. V_1 und V_2 arbeiten abwechselnd. Ist in V_1 die Flüssigkeit so weit eingedampft, daß sie genügend sauerstoffreich ist, so wird sie nach V_3 abgelassen; gleichzeitig wird die in K_1 gebildete flüssige Luft nach V_2 geführt, um dort eingedampft zu werden. Durch Bedienung der Ventile l_1 und l_2 wird die komprimierte Luft abwechselnd den Verdampfern K_1 und K_2 zugeführt, während K_3 ständig unter Druck steht. Natürlich wird auch die in K_3 gebildete Flüssigkeit in die Behälter V_1 und V_2 übergeleitet.

Um einen vollständig kontinuierlichen Gang des Apparats zu erreichen, wurde der Fig. 5 dargestellte Kolonnenapparat gebaut. Hier wird die gesamte kondensierte Luft in die oberste der neun übereinander geordneten Schalen geleitet, läuft durch einen Überlauf zur nächsten und so fort von einer zur anderen, wobei sie in jeder Schale weiter eingedampft, also von Schale zu Schale reicher an Sauerstoff wird, bis sie zuletzt im eigentlichen Sauerstoffverdampfungsgefäß vollständig verdampft wird. Sämtliche Schalen sind von oben nach unten von einem Röhrenbündel durchzogen, in dem die Luft kondensiert wird und dabei die geschilderte Eindampfung bewirkt. Bei diesem Apparat war also erreicht, daß nicht in regelmäßigen Zwischenräumen Ventile geöffnet und geschlossen werden mußten, sondern wenn einmal sämtliche Regulierorgane richtig eingestellt waren, arbeitete der Apparat automatisch.

Auf Fig. 5 ist auch der Gegenstrom zu sehen, wie er damals gebaut wurde. Die Leitungen für Druckluft waren aus Rohrspiralen

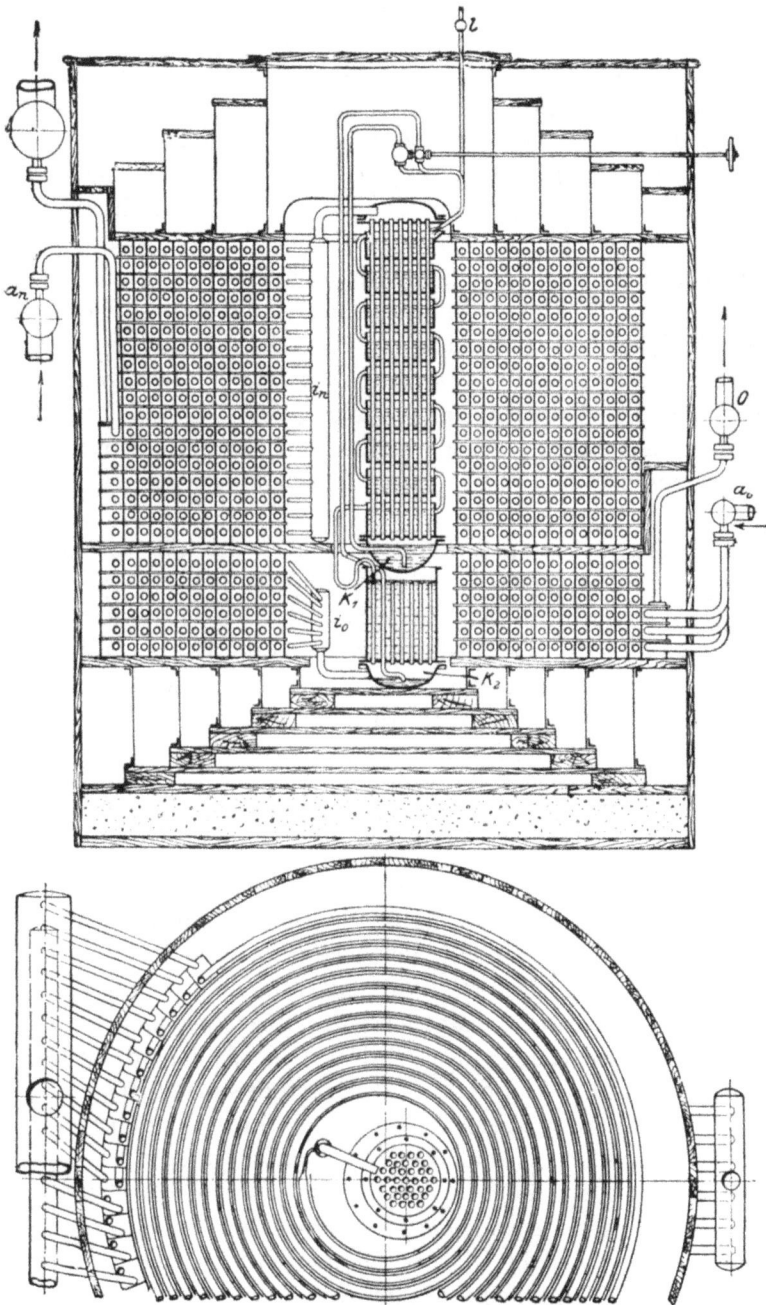

Fig. 5. Sauerstoffapparat mit Kolonnenapparat.

gebildet, die in wagrechten Ebenen übereinander lagen und beim Eintritt und Austritt durch Sammelstücke miteinander verbunden waren. Die entgegenströmenden Gase wurden in Kanälen von rechteckigem Querschnitt geführt, die durch Stahllamellen zwischen je zwei Bodenflächen gebildet waren. Diese Anordnung des Gegenstroms, hat den großen Vorteil, daß sein Temperaturgefälle dem natürlichen entspricht, indem die kältesten Teile im Innern liegen, während die warmen mit der umgebenden Luft in Berührung kommen. Leider ist es bei dieser Anordnung nicht möglich, die für guten Wärmeaustausch und gleichmäßige Verteilung nötigen hohen Gasgeschwindigkeiten zu erzielen, so daß die Wirkungsweise dieses Gegenstroms nicht den Erwartungen entsprach. Man ging deshalb wieder auf die ursprüngliche Anordnung des Gegenstroms, mehrere Spiralen ineinanderzustecken, zurück und erreichte durch richtige Dimensionierung am oberen Ende Temperaturdifferenzen von nur 2—3°.

Man hatte bei allen diesen Versuchen das Ziel im Auge, ein Gemisch aus gleichen Teilen Sauerstoff und Stickstoff herzustellen (von den Chemikern »Lindeluft« genannt), da man der Ansicht war, daß dieses Gas für die Bedürfnisse der Industrie ausreichend sei, aber man überzeugte sich bald, daß der Industrie nur mit hochprozentigem Sauerstoff gedient sei, vor allem aus dem Grund, weil beim Versand in Stahlflaschen das tote Gewicht derselben das Gas ganz unverhältnismäßig verteuerte. Außerdem ergab eine einfache Rechnung, daß man die »Lindeluft« billiger dadurch herstellen konnte, daß man Luft mit hochprozentigem Sauerstoff mischte, vorausgesetzt, daß die rationelle Darstellung des letzteren gelang.

Schon im Jahre 1901 hatte die Gesellschaft L i n d e in der Erkenntnis, daß es nur durch Versuche in großem Maßstab möglich sei, Anhaltspunkte für die Wirtschaftlichkeit des Verfahrens zu gewinnen, in Höllriegelskreuth eine Versuchsanlage errichtet, in der von der dortigen elektrischen Überlandzentrale bis zu 150 PS zur Verfügung standen, und dort wurden auch die ersten Rektifikationsversuche gemacht, ausgehend von der Tatsache, daß bei der Darstellung von Alkohol ähnliche Verhältnisse vorlagen wie bei der Trennung der Luft, indem auch dort eine Mischung zweier Flüssigkeiten mit verschiedenen Siedepunkten in ihre Bestandteile zerlegt wurde. Freilich war die Übertragung des Prinzips der Rektifikation auf die flüssige Luft keine leichte Aufgabe. Während bei Alkohol durch Dampf und Kühlwasser die gewünschten Temperaturen her-

Fig. 6. Höllriegelskreuth.

gestellt werden, mußte hier die Luft gleichzeitig die Rolle der Maische, des Dampfes und der Schlempe übernehmen.[1])

Die erste Rektifikationskolonne wurde durch einen senkrecht stehenden Zylinder aus Kupferblech gebildet, der nach dem Vor-

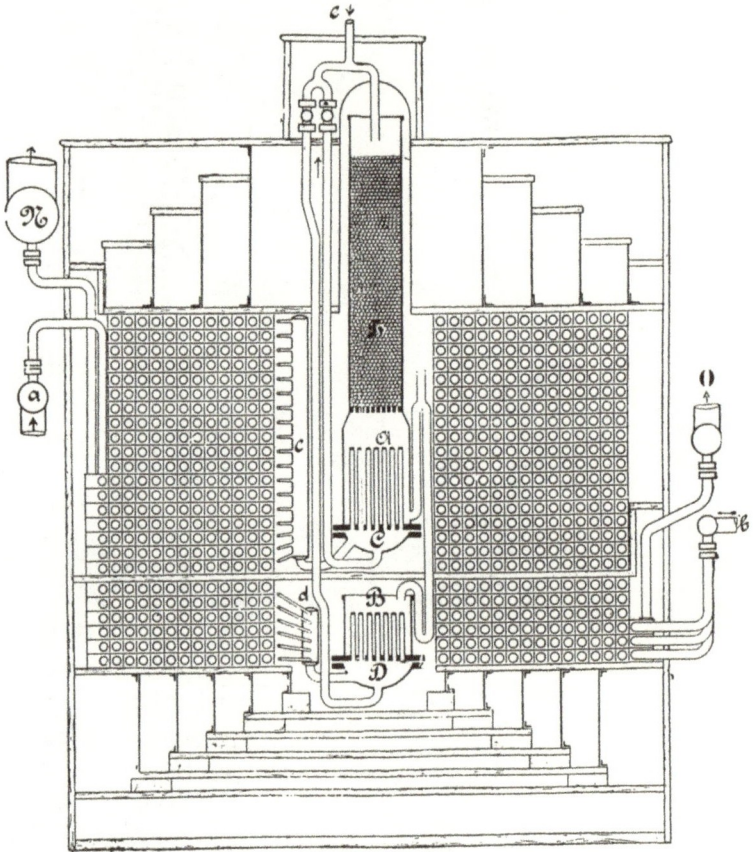

Fig. 7. Sauerstoffapparat mit Perlensäule.

schlag Professor Hempels mit Glasperlen gefüllt war. Am unteren Ende der Säule sammelte sich die Flüssigkeit, die an dieser Stelle

[1]) In einem englischen Patentprozeß äußerte sich ein Richter folgendermaßen: »Ich kann nicht das Problem der Trennung von zwei der permanentesten Gase (welche nur durch Druck verflüssigt werden können und welche notwendigerweise mit großer Heftigkeit verdampfen, wenn sie nicht unter abnorm tiefen Temperaturen und entsprechendem Druck gehalten werden) als analog betrachten der Trennung von zwei Substanzen, die beide bei gewöhnlichen Temperaturen flüssig sind, und bei denen daher Druck nicht in Frage kommt. Einer der Zeugen ge-

schon in hochprozentigen Sauerstoff übergeführt war, in einem Verdampfungsgefäß. In diesem wurden durch kondensierende Luft die für den Vorgang der Rektifikation notwendigen Dämpfe erzeugt, die durch die Säule aufsteigend in inniger Berührung mit der herabrieselnden Flüssigkeit den Stickstoff derselben verdampften, gleichzeitig ihren Sauerstoffgehalt an die Flüssigkeit abgebend, bis sie als Stickstoff mit nur 7% Sauerstoff das obere Ende der Säule verließen. Ein Teil des flüssigen Sauerstoffs lief durch einen Siphon in ein besonderes Gefäß über, wurde dort verdampft und verließ als gewonnener Sauerstoff den Apparat. Die erste Säule wurde in den oben geschilderten Gegenstromapparat eingebaut und gab ein unerwartet gutes Resultat. Man hatte nicht erwartet, so nahe an die Grenzen der theoretischen Möglichkeit zu kommen, als es tatsächlich der Fall war. Bei diesem und auch bei dem folgenden Apparat wurde die zur Deckung der Kälteverluste notwendige flüssige Luft noch in einem besonderen Luftverflüssigungsapparat erzeugt, während die der Zerlegung unterworfene Luft nur auf 5 Atm. komprimiert wurde. Erst im Jahre 1903 wurde der erste Apparat gebaut, in dem die Erzeugung der Kälte durch den gleichen Luftstrom bewirkt wurde, der auch der Zerlegung unterworfen wurde. Damit war derjenige Typ von Apparaten geschaffen, der bis zum Jahre 1910 mit geringen Änderungen beibehalten wurde, und der in Fig. 8 schematisch dargestellt ist. Die Luft wird dabei auf 200 Atm. komprimiert, geht durch die inneren Rohre des Gegenstromapparats zur Kondensationsspirale D, die im Sauerstoffverdampfungsgefäß C liegt, wird dort kondensiert, durch Regulierventil F entspannt und auf den Kopf der Säule B ausgegossen. Die Zerlegungsprodukte Sauerstoff und Stickstoff verlassen den Apparat durch den Gegenstrom A, wobei sie ihre Kälte an die ankommende Luft abgeben. Auf das getrennte Sauerstoffgefäß wurde verzichtet, da dieses bei

---

brauchte ein treffendes Bild, indem er sagte, die Anwendung der Rektifikation zu solchem Zwecke würde dem Betrieb eines Coffey-Apparates in einem rotglühenden Raume entsprechen, aber dies trifft nach meiner Ansicht nur teilweise die Änderung der Umstände, da es den Schwierigkeiten nicht voll gerecht wird, welche von der außerordentlichen Flüchtigkeit der Elemente herrühren, mit denen man es zu tun hat. Aber nach meiner Ansicht liegt der Fall für die Beklagte besonders günstig, wenn man ihn im Licht der zweiten Ausnahme betrachtet, die ich erwähnt habe, daß nämlich Erfindungstätigkeit nötig war, um die Anwendung der Rektifikation für diese Zwecke zu ermöglichen, d. h. daß es nicht eine reine Übertragung eines alten Verfahrens auf einen andern mehr oder weniger analogen Gegenstand war, sondern daß eine erfinderische Vorbereitung des Gegenstandes nötig war, ehe eine erfolgreiche Übertragung überhaupt stattfinden konnte.«

der Darstellung hochprozentigen Sauerstoffs keine Vorteile mehr bietet. Die im ersten Teil beschriebene Trennung der Luft in zwei Ströme, deren einer auf hohen Druck gebracht wird, während der andere nur auf den zur Kondensation in flüssigem Sauerstoff nötigen Druck komprimiert wird, wurde für Sauerstoffapparate zum ersten Male im Jahre 1908 ausgeführt.

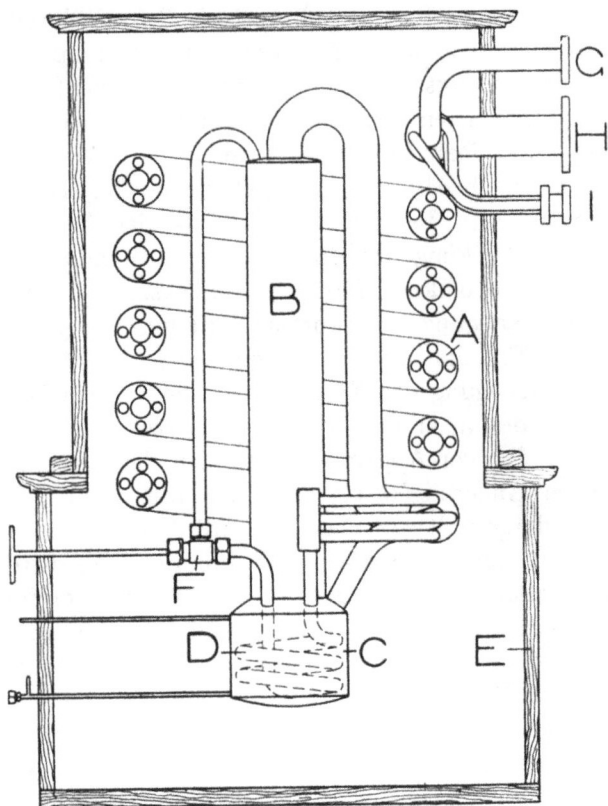

Fig. 8. Sauerstoffapparat.

Wie oben gesagt, ging bei diesen Apparaten der Stickstoff immer noch mit 7% Sauerstoff weg, so daß von dem ganzen in der Luft enthaltenen Sauerstoff höchstens 74% gewonnen werden konnten. Um in dieser Hinsicht eine bessere Ausbeute zu erzielen, wurden seit 1910 Apparate gebaut, die die Luft zunächst unter einem Druck von ca. 4 Atm. einer Vorrektifikation unterwarfen. Diese Apparate bestehen aus zwei übereinander aufgebauten Säulen, von denen die untere unter 4 Atm., die obere unter atmosphärischem Druck arbeitet. (Fig. 9). Die ankommende Luft wird im Verdampfungsgefäß der Drucksäule verflüssigt und tritt ungefähr in der Mitte der Säule ein. Die Rieselflüssigkeit für den oberen Teil der Drucksäule wird in einem Kondensator gewonnen, der im Sauerstoffgefäß der Niederdrucksäule liegt. Die in der Säule nach oben steigenden Dämpfe enthalten an der Eintrittsstelle der Luft etwa 10% Sauerstoff (die Gleichgewichtsverhältnisse zwischen Flüssigkeit und Dämpfen liegen bei höherem Druck anders als bei atmosphärischem) und werden im Aufsteigen weiter rektifiziert, so daß sie am oberen Ende als fast reiner Stickstoff ankommen. Von der im Kondensator c gewonnenen Flüssigkeit läuft nun etwa die Hälfte als Rieselflüssigkeit auf die Säule zurück, der andere Teil wird im Ventil f entspannt und auf den Kopf der Niederdrucksäule g geführt. Die Rieselflüssigkeit der Drucksäule reichert sich unterwegs an Sauerstoff an und wird vom Fuß der Säule mit einem Gehalt von 50—60% Sauerstoff durch Ventil i in die Mitte der Niederdrucksäule geführt. Dort erfolgt die vollständige Rektifikation Theoretisch wäre es mit dieser Einrichtung möglich, gleichzeitig reinen Sauerstoff und reinen Stickstoff zu gewinnen. Praktisch kommt man aber nur auf Sauerstoffausbeuten von 85—90%. Immerhin ermöglicht diese Anordnung in Verbindung mit der Teilung in Hochdruck- und Niederdruckluft, das Kubikmeter Sauerstoff mit einem effektiven Energieaufwand von 1,3 KW herzustellen.

Es ist nachträglich die Übertragung der Alkoholrektifikation auf die Trennung der verflüssigten Luft als etwas Selbstverständliches bezeichnet und zum Gegenstand vieler Nachbildungen gemacht worden. Wie bereits im ersten Teil dargelegt,

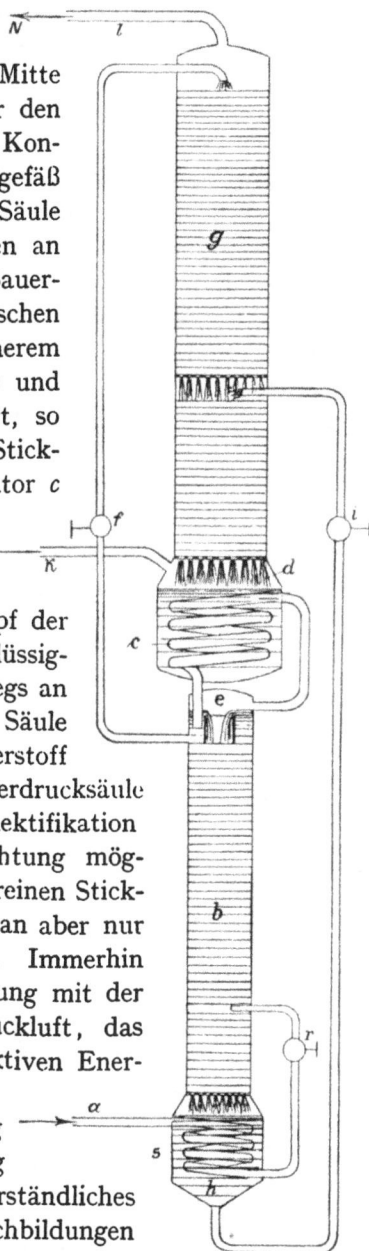

Fig. 9. Zweisäulenapparat.

hat lediglich eine von Claude herrührende Modifikation Anspruch auf eine technische Förderung des Problems. Deshalb ging die Gesellschaft für Linde's Eismaschinen auf die Einigungsvorschläge ein, welche die Claudes'che Gesellschaft »L'air liquide« ihr vorlegte, nachdem in einem Patentprozeß zu London die Abhängigkeit des Claude'schen Verfahrens vom Linde'schen ausgesprochen worden war.

In Deutschland haben sich unter technischer Führung von Pictet, Hildebrandt, Heylandt u. a. Unternehmungen gebildet, welche sich mit dem Bau von Rektifikationsapparaten befassen, wogegen Gesellschaft Linde erfolgreich gerichtlich eingeschritten ist.[1])

Alle Fachmänner waren sich im klaren, daß gegen dieses Verfahren kein chemisches Verfahren konkurrenzfähig sei, und die Anregung der Gesellschaft Linde, durch Gründung einer Verkaufsgesellschaft für Deutschland einen Konkurrenzkampf zu vermeiden, wurde daher von allen Fabriken, die bis dahin Sauerstoff hergestellt hatten, freudig begrüßt. Mit Rücksicht auf die Wichtigkeit des Sauerstoffgeschäfts stellte die Gesellschaft L i n d e den für den Handel bestimmten Sauerstoff in eigenen Werken her und lieferte Anlagen zur Herstellung von Sauerstoff nur an solche Maschinenfabriken, Werften usw., die den Sauerstoff im eigenen Betrieb verbrauchen wollten. Es war ein glückliches Zusammentreffen, daß gleichzeitig mit der L i n d e's c h e n Erfindung, die die billige Herstellung des Sauerstoffs ermöglichte, zwei wichtige Verfahren in die Praxis eingeführt wurden, die billigen Sauerstoff zur Voraussetzung hatten. Es waren dies das Schweißen und das Schneiden von Eisen. Diese Verfahren fanden rasch große Verbreitung und damit stieg der Sauerstoffbedarf enorm. Die Gesellschaft L i n d e suchte demselben durch Gründung immer neuer Werke und Erweiterung der alten gerecht zu werden. Über diese Unternehmungen mögen nachstehende Tabellen Aufschluß geben.

---

[1]) Der Versuch dieser Unternehmungen, das Professor Linde erteilte Patent, das die Anwendung des Prinzips der Rektifikation auf die Trennung der flüssigen Luft schützt, zu Fall zu bringen, mißlang, denn die Nichtigkeitsabteilung des kaiserlichen Patentamtes verwarf durch Urteil vom 15. Februar 1912 die Nichtigkeitsklage, und dieses Urteil wurde am 26. April 1913 vom Reichsgericht im vollen Umfang bestätigt.

Ferner hat die Gesellschaft Linde gegen eine Anzahl Firmen, die mit Apparaten, die von der »Industriegas-Gesellschaft« geliefert waren, Sauerstoff herstellten, Klage wegen Patentverletzung erhoben, und dieser Klage wurde vom Landgericht Wiesbaden stattgegeben und das Urteil für vorläufig vollstreckbar erklärt.

Jahr	Ort	Stundenleist. cbm O.
1903	Höllriegelskreuth	10
»	Barmen	10
1904	Berlin	5
1906	Berlin	20
1907	Düsseldorf-Reisholz	20
»	Höllriegelskreuth	20
1908	Mülheim-Ruhr	60
»	Altona	20
1910	Düsseldorf-Reisholz	90
»	Nürnberg	10
»	Dresden	20
1911	Altona	60
1912	Erfurt	30
»	Mülheim-Ruhr	150
»	Nürnberg	30
1913	Bielefeld	50
»	Dresden	60
»	Düsseldorf-Reisholz	200

Außerdem wurde durch Modernisierung der Apparate die Leistungsfähigkeit einzelner Werke gehoben, während anderseits alte Apparate außer Betrieb genommen wurden. Über die Leistungsfähigkeit der deutschen Werke der Gesellschaft L i n d e am Ende der einzelnen Jahre gibt am besten folgende Tabelle Auskunft:

Ende 1903 . .	20 cbm/Std.	Ende 1909 . .	148 cbm/Std.
» 1904 . .	26 »	» 1910 . .	194 »
» 1905 . .	26 »	» 1911 . .	270 »
» 1906 . .	26 »	» 1912 . .	365 »
» 1907 . .	68 »	» 1913 . .	835 »
» 1908 . .	128 »		

Der Absatz aus diesen Werken betrug:

1903 . .	4 320 cbm	1908 . .	401 000 cbm
1904 . .	30 700 »	1909 . .	637 000 »
1905 . .	50 700 »	1910 . .	910 000 »
1906 . .	100 500 »	1911 . .	1 107 000 »
1907 . .	233 000 »	1912 . .	1 755 000 »

Aus den obigen Tabellen geht deutlich hervor, daß der Sauerstoffbedarf der Industrie ganz enorm steigt, und daß der Schwerpunkt des Absatzes im rheinisch-westfälischen Industriegebiet liegt. Die beiden Werke in Düsseldorf-Reisholz und Mühlheim-Ruhr sind stets voll ausgenutzt gewesen, und die Produktion jeder Vergrößerung wurde sofort untergebracht.

Die große Leistungsfähigkeit dieser Werke ermöglicht auch eine billige Herstellung des Sauerstoffs, und bei der zentralen Lage der Werke sind auch die Frachtkosten für die Abnehmer gering, so daß in jenen Gegenden mit niedrigeren Preisen gerechnet werden kann als in anderen Gegenden Deutschlands.[1])

Bald nach der Errichtung der ersten deutschen Fabrik bemühte sich die Gesellschaft Linde, auch ihre ausländischen Patente zu verwerten. Das erste Werk im Ausland wurde in Frankreich gegründet, wo im Jahre 1904 in Verbindung mit Herrn Charles Bardot, dem Besitzer einer chemischen Fabrik in Paris, eine Sauerstoffanlage für 5 cbm Stundenleistung errichtet wurde. Der Absatz nahm sehr rasch zu, da besonders die Automobilindustrie für Schweißzwecke viel Sauerstoff benötigte; es mußte bald die Leistung vergrößert werden, und heute sieht sich die Fabrik, trotzdem stündlich 100 cbm produziert werden, vor die Notwendigkeit gestellt, die Anlage zu verdoppeln. Dabei hat L'air liquide bei Paris große Sauerstofffabriken, und der Bedarf

---

[1]) Für eine Anzahl größerer Betriebe wurden von der Gesellschaft für Linde's Eismaschinen für den eigenen Bedarf die folgenden Anlagen geliefert:

Amberger Emaillier- und Stanzwerke von Gebr. Baumann, Firma Baumanns Ww. .	Amberg
Blechwalzwerk Schulz-Knaudt	Essen
Metallindustrie Schönebeck	Schönebeck
Quarzlampengesellschaft m. b. H.	Höchst a. M.
Eisenhüttenwerk Thale A.-G. , ...	Thale a. Harz
F. Schichau	Elbing
Robert Hermes	Solingen
The Premier Cycle Co. Ltd.	Nürnberg-Doos
Blohm und Voß	Hamburg
Aktiengesellschaft Lauchhammer	Lauchhammer
Viktoria-Werke, A.-G.	Nürnberg
Kaiserliche Werft	Wilhelmshafen
Friedr. Krupp A.G.	Essen
Schönborner Glasfabrik Johannahütte . .	Schönborn
Höchster Farbwerke	Höchst a. M.
Kaiserliche Werft Kiel	Kiel-Gaarden
Stickstoffwerke A.-G.	Herringen i. W.

für das übrige Frankreich wird von Linde'schen Werken in Toulouse, Bordeaux und Lyon gedeckt, die Ende dieses Jahres ebenfalls 100 cbm stündlich zu liefern imstande sein werden.

Fig. 10. Sauerstoffwerk Mülheim-Ruhr.

Neben Frankreich kam England als größter Industriestaat Europas in Betracht. Dort wurde in Verbindung mit B r i n s O x y g e n W o r k s, die bisher Sauerstoff nach einem chemischen Ver-

3*

Fig. 11. Sauerstoffwerk Düsseldorf-Reisholz.

Die Technik der tiefen Temperaturen.

n.

Druck u. Verlag von R. Oldenbourg, München u. Berlin.

fahren hergestellt hatte, eine Gesellschaft, die B r i t i s h O x y g e n Co., gegründet, die in Birmingham 1906 die erste Fabrik mit 10 cbm Stundenleistung einrichtete. Heute hat sie L i n d e - Anlagen in Birmingham, London, Newcastle, Manchester, Sheffield und Cardiff, die zusammen stündlich über 300 cbm produzieren.

In Italien wurden in den Jahren 1905—1907 drei Sauerstofffabriken errichtet und in Gemeinschaft mit L'Air liquide im Jahre 1909 eine Tochtergesellschaft gegründet, die S o c i e t à I t a l i a n a O s s i g e n o ed A l t r i G a s, die heute in Mailand, Turin, Palermo und Piano-d'Orte in L i n d e - Anlagen sowie in Genua in einer C l a u d e - Anlage Sauerstoff herstellt. Die Stundenleistung der ersteren Anlagen ist 95 cbm, die der letzteren 50 cbm.

Weitere Tochtergesellschaften wurden in Österreich, Skandinavien, den Vereinigten Staaten von Nordamerika, Spanien und in der Schweiz ins Leben gerufen. Die wichtigste Gründung ist die amerikanische Gesellschaft T h e L i n d e A i r P r o d u c t s C o m - p a n y mit dem Sitz in Cleveland. Das erste Werk dieser Gesellschaft wurde im Jahre 1907 in Buffalo für eine Stundenleistung von 20 cbm errichtet. Wie zu erwarten war, erkannten die amerikanischen Industriellen bald, daß die neuen Arbeitsverfahren, die mit Sauerstoff arbeiteten, große Ersparnisse an Zeit und Löhnen mit sich brachten, und diese Erkenntnis drückte sich in raschem Steigen des Absatzes aus. Die amerikanische Gesellschaft konnte der Gesellschaft L i n d e in rascher Reihenfolge neue Aufträge überweisen. 1909 wurde die Anlage von Buffalo auf die doppelte Leistung gebracht und im gleichen Jahr ein Werk in Chicago ebenfalls für 20 cbm Stundenleistung gebaut; 1910 Newark N. Y. mit 70 cbm, 1911 North Trafford mit 70 cbm, 1912 drei weitere Anlagen für je 70 cbm Stundenleistung, und am Ende des Jahres 1913 wird außer in den genannten Städten noch in St. Francisco, Detroit (Mich.), Conshohocken bei Philadelphia (Pens.), Cleveland (Ohio), Worcester (Mass.), St. Louis (Ill.) und Birmingham (Alabama) je eine Anlage im Betrieb sein.

Über den Umfang der Gründungen der Gesellschaft für L i n - d e s Eismaschinen möge nachstehende Tabelle Aufschluß geben, die die Sauerstoffmengen angibt, die in den verschiedenen Ländern der Welt jährlich in den Sauerstofffabriken erzeugt werden können, die von der Gesellschaft L i n d e direkt oder indirekt ins Leben gerufen wurden.

Fig. 13. Sauerstoffwerk Buffalo.

Fig. 14. Sauerstoffwerk Buffalo.

Fig. 15. Sauerstoffwerk Chicago.

Fig. 16. Sauerstoffwerk Chicago.

Europa:

Deutschland	6 000 000 cbm
England	2 230 000 »
Frankreich	1 550 000 »
Italien	680 000 »
Österreich-Ungarn	660 000 »
Spanien	220 000 »
Schweiz	180 000 »
Dänemark	110 000 »
Norwegen	110 000 »
Schweden	80 000 »
Rumänien	80 000 »
Rußland	80 000 »

Amerika:

Vereinigte Staaten	2 580 000 cbm
Argentinien	80 000 »
Chile	16 000 »

Asien:

Indien	144 000 cbm
China	80 000 »

Australien:

Neu-Süd-Wales	144 000 cbm
Neu-Seeland	80 000 »
	14 384 000 cbm

Auch in einer der englischen Kolonien in Süd-Afrika wird die British Oxygen Co. in nächster Zeit eine Anlage errichten, so daß dann die Linde-Apparate in allen Weltteilen vertreten sind.

Wir haben schon im vorhergehenden die Hauptverwendungsgebiete des Sauerstoffs, autogenes Schneiden und autogene Schweißung, flüchtig berührt und möchten hier noch einmal ausführlicher darauf zurückkommen. Die Grundlage des Schneideverfahrens bildet das sog. Cöln-Müsener Patent, das ursprünglich für hüttentechnische Zwecke genommen wurde. Wie bekannt ist, kommt es bei Hochöfen leicht vor, daß sich das Abstichloch mit kaltem Eisen verlegt und nur mit großer Mühe wieder frei gemacht werden kann, und es trat gar nicht selten der Fall ein, daß aus diesem Grunde der Hochofen kaltgeblasen und abgebrochen werden mußte. Nach dem erwähnten Patent erhitzt man das vor dem Abstichloch liegende Eisen mit einer Knallgasflamme lokal auf Schmelztemperatur und läßt dann einen Sauerstoffstrahl gegen diese Stelle blasen. Das Eisen verbrennt und erhitzt die dahinter liegenden Partien, so daß oft in wenigen Sekunden ein Kanal durch den Eisenklotz gebohrt ist, der den Abfluß des Eisens ermöglicht. Verschiebt man nun einen solchen Sauerstoffstrahl parallel zu sich selbst, so wird offenbar ein Schlitz in das Eisen eingebrannt werden. Letztere Erscheinung wurde zu einem Verfahren ausgearbeitet, mit Hilfe dessen man Eisenbleche und Barren von fast beliebiger Dicke schneiden kann. Die Vorteile des Verfahrens sind die große Anpassungsfähigkeit und Unbeschränktheit in der Schnittführung und das Wegfallen des Transportes und des Aufspannens der Werkstücke. Diesem Verfahren gegenüber steht das autogene Schweißen, das hauptsächlich in Frankreich ausgebildet wurde. Die Ränder der zu verbindenden Stücke werden dabei bis zur Schmelztemperatur durch eine Azetylen-Sauerstoff- oder Wasserstoff-Sauerstoff-Flamme erhitzt und das gleiche Material, das in der gleichen Flamme geschmolzen wird, flüssig eingebracht, wodurch eine vollständig homogene Verbindung entsteht. Der Umstand, daß die Schweißstellen nicht im Ofen erhitzt und dann mit dem Hammer bearbeitet werden müssen, ermöglicht eine Menge von Schweißverbindungen, die bis dahin unmöglich waren. Als ein Beispiel von vielen mag die Reparatur von Schiffskesseln angeführt werden. Während früher defekte Kessel ausgebaut und auf der Werft repariert werden mußten, wodurch natürlich das Schiff mehrere Wochen festgelegt wurde, werden heute derartige Schäden in wenigen Tagen, ja Stunden ausgebessert, woraus große Ersparnisse für die Reedereien resultieren. Die beiden beschriebenen Arbeitsmethoden verbrauchen bei weitem den größten Teil des in den Handel kommenden Sauerstoffs; von den anderen Industrien sind wieder diejenigen die wichtigsten, die ebenfalls den Sauerstoff zur Erzielung hoher Temperaturen benötigen. Da seien zunächst die Fabriken genannt, die Quarzglas für die Zwecke der chemischen Industrie und für Quecksilberdampflampen verarbeiten; dann die Glasbläsereien, in denen durch eine Sauerstoffstichflamme Löcher in Gläser eingeschmolzen werden, ferner die Herstellung künstlicher Edelsteine, Rubine, Saphire usw., wobei das gleiche Material, aus dem der natürliche Stein besteht, in einer Gas-Sauerstoff-Flamme zusammengesintert wird, wodurch ein Stein entsteht, der selbst vom Kenner von dem echten kaum zu unterscheiden ist. Bekannt ist auch die Verwendung des Sauerstoffs in der medizinischen Praxis zur Erleichterung der Narkose und zur Linderung asthmatischer Beschwerden. Eine Anzahl von Verwendungsmöglichkeiten befinden sich noch im Versuchsstadium, und es ist heute noch nicht abzusehen, welche Erfolge hier dem Sauerstoff beschieden sind. Viel geschrieben wurde schon über die Anreicherung der Gebläseluft für den Hochofen zur Erzielung eines rascheren Ofengangs, wobei nebenbei der Vorteil erzielt würde, daß die Qualität des Gichtgases eine bessere würde als bisher. Auch für andere metallurgische Zwecke, so besonders für die Gewinnung von Kupfer und Chrom, wurde die Verwendung von Sauerstoff erörtert. Neuerdings wurden auch Verfahren zur Bindung des Stickstoffs für die Landwirtschaft ausgearbeitet, die Sauerstoff benötigen; mit einem dieser Verfahren, dem von Professor H ä u s s e r , werden in Bälde in größerem Maßstab Versuche gemacht werden.

Stickstoff.

Bald nachdem es gelungen war, hochprozentigen Sauerstoff herzustellen, wurden auch Versuche angestellt, die die Gewinnung reinen S t i c k s t o f f s aus flüssiger Luft bezweckten. Es handelte sich darum, die von der gewöhnlichen Sauerstoffsäule nach oben abziehenden Dämpfe, die noch ca. 7% Sauerstoff enthielten, von diesem Rest zu befreien. Bei der Alkoholgewinnung wird die Säule oberhalb der Stelle, wo die Maische eintritt, verlängert und am oberen Ende durch Kühlung mit Wasser der sog. »Rücklauf« gewonnen, der aus hochprozentigem Alkohol besteht und die aufsteigenden Dämpfe rektifiziert. Zur Übertragung dieses Systems auf flüssige Luft war es zunächst nötig, ein dem Kühlwasser entsprechendes Kühlmittel zu beschaffen. Dies konnte so gewonnen werden, daß man den als Sauerstoff weggehenden Teil in einer im Kopf der Säule angebrachten Spirale verdampfte (Fig. 17) und dadurch in der Säule ein Kondensat erzeugte, das den oberen Teil berieselte. Die mit 7% Sauerstoff aufsteigenden Dämpfe werden oben kondensiert, fließen zurück und sind nun ihrerseits imstande, die nachkommenden Dämpfe auf einen höheren Reinheitsgrad (ca. 2%) zu rektifizieren. Dieser Prozeß setzt sich weiter fort bis zu einem Punkt, bei dem die Zusammensetzung der Dämpfe und der Flüssigkeit dieselbe ist, d. h. bis zu reinem Stickstoff. Zwischen

Säule und Verdampfungsspirale muß eine Druckdifferenz vorhanden sein, die den Wärmeübergang ermöglicht. Es muß also entweder der Sauerstoff unter niedrigem Druck abgesaugt werden, oder die Säule muß unter einem Überdruck von 3—4 Atm. arbeiten. Letztere Methode wendet die Gesellschaft Linde heute noch bei kleinen Apparaten an, bei denen es weniger auf geringen Kraftverbrauch als auf einfache Apparatur und einfache Bedienung ankommt. Die

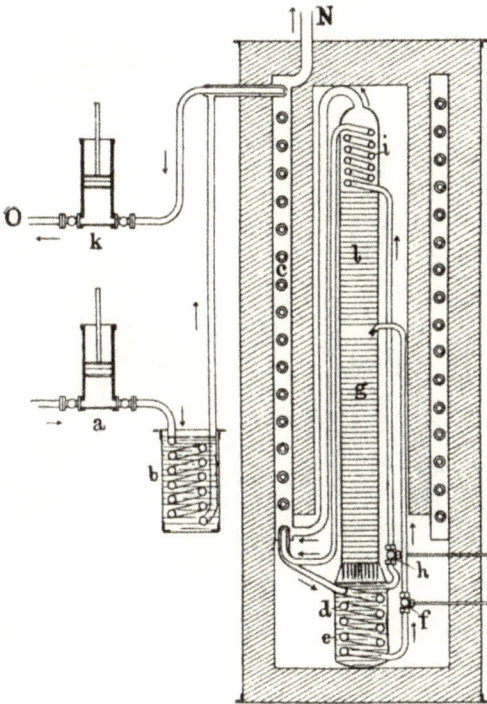

Fig. 17. Stickstoffapparat.

Anordnung hat nämlich den Nachteil, daß der Sauerstoff sehr unrein weggehen muß; eine einfache Rechnung ergibt, daß bei diesem Verfahren der Sauerstoff theoretisch noch 38% Stickstoff enthalten muß, praktisch etwa 45%.

Um eine bessere Ausbeute zu erzielen, wurde ein anderes Verfahren ausgearbeitet, das früher praktisch erprobt wurde als das eben geschilderte. Die Rieselflüssigkeit für den oberen Teil der Säule wird hier dadurch gewonnen, daß ein Teil des aus dem Apparat kommenden Stickstoffs von einem besonderen Kompressor ange-

saugt und komprimiert wird; nun kann er in dem Sauerstoffverdampfungsgefäß des Apparats verflüssigt und als Rieselflüssigkeit
auf die Säule gegeben werden. Die Menge kann dabei beliebig groß
gewählt und infolgedessen auch die Reinheit des Stickstoffs bis
auf 99,8—99,9% gesteigert werden. Die nach diesem System arbei-
tenden Anlagen haben vor den vorher beschriebenen und nachher
noch zu erwähnenden den Vorzug, daß eine »Entgleisung«, d. h. ein

Fig. 18. Stickstoffanlage Trostberg.

Schwanken in der Zusammensetzung des Stickstoffs kaum vorkommt.
Auch hier wird nur ein Teil, nämlich gerade der »zirkulierende Stickstoff« hoch komprimiert, während die zu zerlegende Luft nur auf
ca. 4 Atm. gebracht wird. Natürlich haben diese Anlagen auch
einen verhältnismäßig hohen Kraftverbrauch, ca. 0,5 KW/cbm
Stickstoff, da die für den Stickstoff aufgewandte Kompressionsarbeit nur teilweise der Zerlegung zugute kommt. Die Gesellschaft
Linde hat deshalb die beim Sauerstoff beschriebenen Zweisäulen-
apparate auch für die Darstellung von Stickstoff durchgebildet und
kommt dabei auf Reinheiten von 99,6—99,8% bei einem Kraftverbrauch von ca. 0,4 KW/cbm.

Auch für den Stickstoff fanden sich rasch Verwendungsgebiete. Das Wichtigste ist jedenfalls die Bindung desselben in einer Form, die ihn befähigt, von den Pflanzen aufgenommen zu werden, also für Zwecke der Felddüngung. Bei den Verfahren, die den Chilesalpeter zu ersetzen bestimmt sind, die also zunächst Salpetersäure herstellen, kommt bisher die Isolierung des Stickstoffs nicht in Frage, da der Stickstoff oxydiert werden muß, sondern eher eine Anreicherung der Luft mit Sauerstoff. Dagegen benötigt die Bindung des Stickstoffs an Kalziumkarbid, also die Herstellung des unter dem Namen Kalkstickstoff bekannten Düngers, eine Erfindung des bekannten Gaschemikers Prof. A. F r a n k , sehr reinen und absolut trockenen Stickstoff, ebenso diejenigen Verfahren, die Aluminiumstickstoff herstellen. Ein weiteres aussichtsreiches Verfahren ist erst neuerdings durch die Erfindung Prof. H a b e r s , Ammoniak aus seinen Elementen durch Synthese herzustellen, dazugekommen. Welches dieser Verfahren sich als das wirtschaftlichste bewähren wird, ist heute noch nicht zu entscheiden; für die Gesellschaft L i n d e spielt vorläufig der Kalkstickstoff die größte Rolle, denn in den sieben verschiedenen Werken, in denen der in den L i n d e - Apparaten gewonnene Stickstoff an Kalk gebunden wird, werden stündlich 5000 cbm Stickstoff erzeugt, was einer Stundenproduktion von rund 25 t oder einer Jahresproduktion von 210 000 t Kalkstickstoff entspricht. Die Erzeugung dieses Düngers ist hauptsächlich auf billige elektrische Energie angewiesen, da sowohl die Fabrikation des Kalziumkarbids als auch die des Kalkstickstoffs im elektrischen Ofen vor sich geht, und so steht auch die größte Anlage dieser Art in Norwegen, der Heimat billiger Wasserkräfte, in dem bekannten Touristenort O d d a am Hardanger. Die dortige Anlage kam im Jahre 1908 in Betrieb und ist im Laufe der Jahre auf eine Produktion von 2800 cbm stündlich ausgebaut worden, und die dortige Gesellschaft hat noch große Wasserkräfte an der Hand, die sie dem gleichen Zweck zuführen will.

Von zunehmender Wichtigkeit ist bei der wachsenden Verbreitung des Automobils das Verfahren von M a r t i n i & H ü n e k e geworden, Benzin und andere brennbare Flüssigkeiten mit Hilfe eines Schutzgases feuersicher zu lagern. Der Stickstoff hat hierbei gegenüber der Kohlensäure den Vorteil, daß die Qualität des Benzins nicht leidet. Als Schutzgas wird er auch beim Mahlen von Körpern, die mit Luft leicht explodieren, z. B. von Kalziumkarbid, verwendet. Als Füllgas von Pneumatik hat er den Vorteil, daß er den Gummi

Fig. 19. Odda.

Fig 20. Stickstoffanlage Odda.

weniger angreift als Luft. Auch bei der Herstellung von Metall-
fadenglühlampen und in der Medizin bei der Behandlung der Lungen-
tuberkulose findet er Verwendung.

Wasserstoff.

Im ersten Teil wurde gezeigt, daß sich die Notwendigkeit
der Rektifikation für die Trennung aller derjenigen Gase ergibt, deren
Siedepunkte nahe beisammen liegen und die gegenseitig in Lösung
gehen, daß dagegen die Verhältnisse bei Gasen, deren Siedepunkte
weit auseinander liegen und deren Löslichkeit ineinander gering ist,
anders liegen. Dort genügt die Abkühlung auf eine Temperatur,
die zwischen den Siedepunkten der beiden Gase liegt. Nach diesem
Prinzip sind die Apparate gebaut, in denen Wasserstoff aus Wassergas gewonnen wird. Nachdem frühere Versuche, Wasserstoff aus
Leuchtgas herzustellen, abgebrochen worden waren, weil die Be-
seitigung der schweren Kohlenwasserstoffe, die bei den angewandten
Temperaturen fest wurden und den Apparat verstopften, große
Schwierigkeiten machte, wurden im Jahre 1909 auf Anregung von
Prof. F r a n k die Versuche zur Herstellung von Wasserstoff durch
partielle Kondensation wieder aufgenommen, und zwar ging man
diesmal von Wassergas aus. Die erfolgreichen Fahrten der Lenk-
ballone ließen erwarten, daß bald sehr große Mengen Wasserstoff
zum Füllen der Luftschiffe nötig sein würden. Zwar gingen damals
und gehen heute noch viele Tausend Kubikmeter täglich unbenutzt
in die Luft, die bei gewissen chemischen Prozessen als Nebenprodukt
abfallen. Aber der Transport in Stahlflaschen bis zur Verwendungs-
stelle verteuerte das Gas wesentlich, und ein billigeres Verfahren zur
Herstellung hochprozentigen Wasserstoffs mußte daher eine Zukunft
haben. Leider war es nicht möglich, die in Betracht kommenden
Temperaturen auf gleiche Weise wie bei der Luft durch einfache
Kompression und nachherige Entspannung zu erreichen, da der
Wasserstoff die Eigenschaft hat, sich bei der Entspannung nicht
abzukühlen, sondern zu erwärmen. Man mußte daher zur Erzielung
der tiefen Temperaturen die Luft zu Hilfe nehmen, und so bestehen
die Apparate, die zur Darstellung von Wasserstoff dienen, aus zwei
Teilen, einem Luftverflüssigungsteil und dem eigentlichen Wasser-
gastrennungsteil. Da ferner die Siedetemperatur der flüssigen Luft
noch nicht ausreicht, um Wasserstoff von genügender Reinheit zu
gewinnen, mußte man die Luft noch einer Zerlegung unterwerfen,

um schließlich in einem Bad von flüssigem Stickstoff, das unter Vakuum gesetzt ist, die beabsichtigte Trennung durchzuführen. Die Anordnung eines Wasserstoffapparats zeigt Fig. 21. Das komprimierte Wassergas tritt bei Wg in den Gegenstrom ein, durchströmt denselben und geht in die Spirale B, die im Kohlenoxydverdampfungsgefäß K liegt. Dabei wird das Kohlenoxyd fast vollständig kondensiert. In dem Abscheider A geht der Wasserstoff nach oben, während das Kohlenoxyd durch eine Leitung am Boden entnommen, im Regulierventil R entspannt und in das Kohlenoxydgefäß K ausgegossen wird. Um den Abscheider A liegt das Gefäß V, in dem Stickstoff unter vermindertem Druck siedet. Dadurch wird in $\dot{A}$ noch etwas Kohlenoxyd kondensiert und infolgedessen der Wasserstoff noch höherprozentig. Der Stickstoff wird in einer im gleichen Apparat liegenden Drucksäule gewonnen und durch Ventil S in das Gefäß V eingeführt. Das verdampfte Kohlenoxyd sowie der Wasserstoff verlassen nach Durchströmung des Gegenstroms bei CO und H den Apparat, letzterer noch unter dem Zerlegungsdruck, was für manche Verwendungsgebiete wertvoll ist.

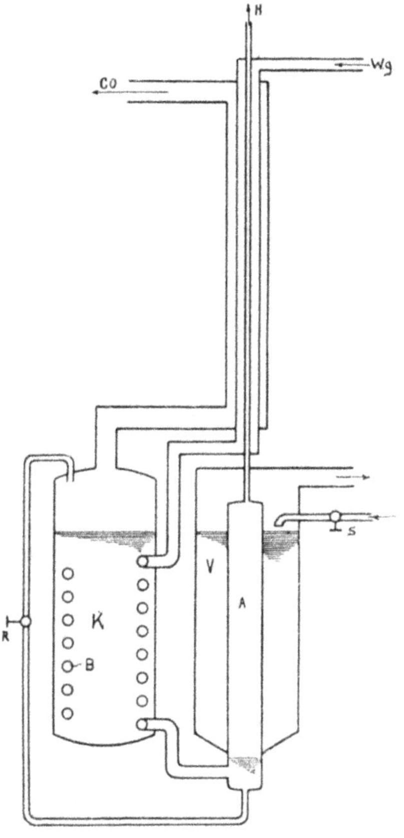

Fig. 21. Wasserstoffapparat.

Da das Wassergas außer Wasserstoff, Kohlenoxyd und Stickstoff nur Kohlensäure in Mengen von 4—5% enthält, waren die beim Leuchtgas aufgetretenen Schwierigkeiten nicht zu befürchten, denn die Entfernung der Kohlensäure war eine Aufgabe, die für Luft schon gelöst war. Allerdings handelte es sich hier um viel größere Mengen als bei Luft, und die Absorption durch Alkalien allein wäre zu teuer geworden. Die Gesellschaft L i n d e machte daher auf Anregung von Dr. B e d f o r d Versuche, die Kohlensäure durch Wasser unter Druck zu beseitigen und kam bald dahin, daß das Gas hinter dem Waschturm nur noch 0,3—0,5% Kohlensäure ent-

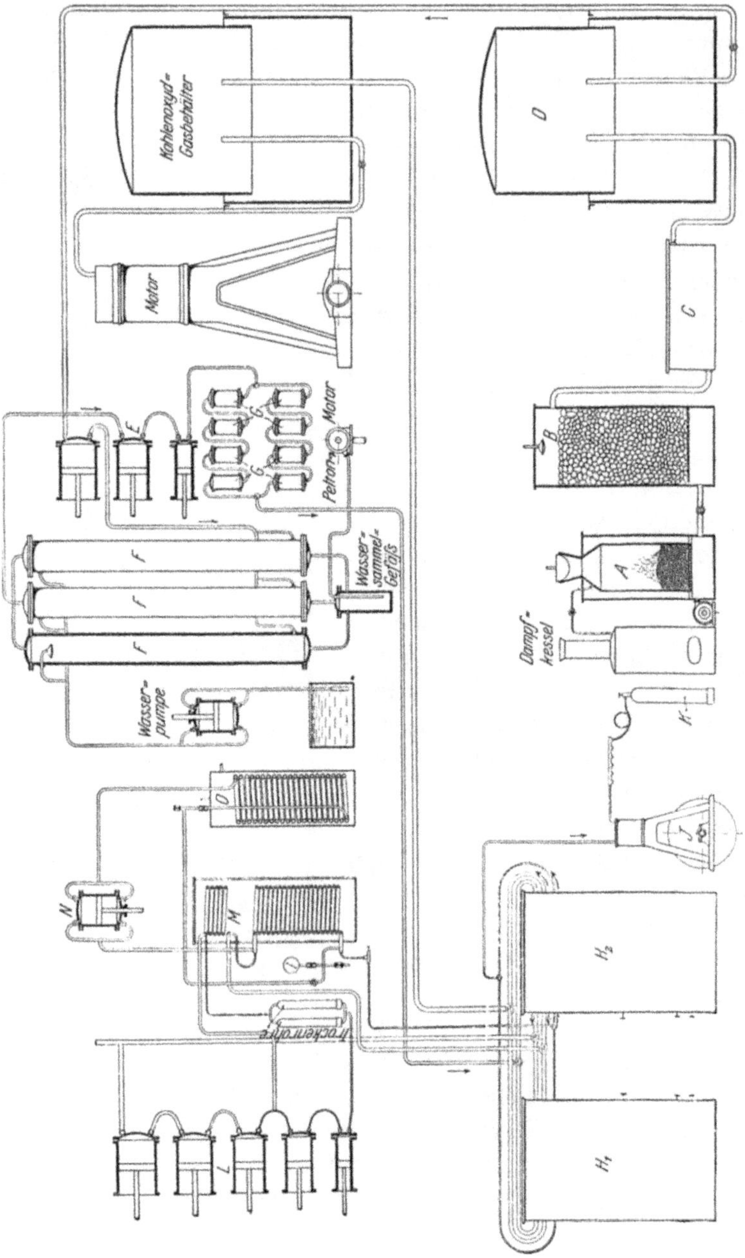

Fig. 22. Schema einer Wasserstoffanlage.

hielt. Der Rest konnte ohne große Kosten durch Natronlauge ebenfalls unter Druck entfernt werden. Für das abfallende Kohlenoxyd
ergab sich die Verwendung von selbst, da das Gas infolge seines
hohen Heizwertes als Motorgas sehr geeignet schien. In der Tat
genügt bei Anlagen von 100 cbm Stundenleistung an das abfallende
Kohlenoxyd vollständig, um in einem Motor verbrannt die Anlage

Fig. 23. Wasserstoffapparat.

zu treiben. Größere Anlagen arbeiten noch rationeller, so daß hier
noch Gas abfällt, resp. wenn der Motor größer gewahlt wird, noch
Kraft abgegeben werden kann. Für das neue Verfahren verbanden
sich die Gesellschaft für L i n d e's Eismaschinen und die Herren
F r a n k und C a r o mit der Berlin-Anhaltischen Maschinenbau-
Aktiengesellschaft mit Rücksicht auf deren hohe Leistungsfähigkeit
im Bau von Wassergasanlagen.

Die erste Anlage nach dem neuen System kam auf der Werft von B l o h m & V o ß in Hamburg in Betrieb, wo der gewonnene Wasserstoff für autogenes Schneiden und Schweißen verwendet wird. Die ersten Anlagen für den Verkauf wurden in Wien bei der dortigen Tochtergesellschaft und in Tegel bei Berlin im eigenen Betrieb der Gesellschaft L i n d e eingerichtet. Die Luftschiffhallen konnten sich nicht so rasch, wie man erwartet hatte, entschließen, den Wasserstoff im eigenen Betrieb herzustellen. Offenbar spielte der etwas höhere Preis des von auswärts bezogenen Wasserstoffs keine so große Rolle, da ein Flaschenpark doch vorhanden sein mußte, um bei Notlandungen rasch Wasserstoff zur Stelle zu haben. Dagegen interessierte sich die Fettindustrie lebhaft für Wasserstoff, da im Laufe der letzten Jahre eine Erfindung gemacht worden war, die ermöglichte, aus niedrig schmelzenden Fetten solche mit hoher Schmelztemperatur herzustellen. Baumwollsamenöl, Rizinusöl, Sesamöl, Erdnußöl, sogar Leinöl und Tran werden im Autoklaven mit einem Katalysator vermischt und erwärmt und sind nun imstande, Wasserstoff, der in den Autoklaven eingeleitet wird, anzulagern, so daß der Schmelzpunkt je nach Bedarf bis auf 60 und 70^0 erhöht werden kann. Die Fette sind dann ohne weiteres geeignet zur Herstellung von Margarine, Seife und Kerzen. Nach Aussage eines Sachverständigen ist diese Erfindung von umwälzenderer Bedeutung als die Erfindung der Margarine. Für diese Fabrikationen ist natürlich der Transport in Flaschen ausgeschlossen, und die Härtungsanlagen müssen entweder im Anschluß an eine Fabrik errichtet werden, in der Wasserstoff abfällt, oder den Wasserstoff im eigenen Betriebe herstellen. So wurden für Härtungszwecke fünf Anlagen nach dem Verflüssigungssystem geliefert, die zusammen über 1000 cbm stündlich herstellen[1]). Das H a b e r s c h e Verfahren zur Herstellung von Ammoniak aus den Elementen haben wir schon erwähnt. Die Kombination der gleichzeitigen Gewinnung von Stickstoff und Wasserstoff ist für die Technik der tiefen Temperaturen ganz besonders günstig, da, wie oben erwähnt, einerseits Luft als Kühlmittel in den Wasserstoffapparaten zur Verwendung gelangt, anderseits zur Erreichung der tiefen Temperaturen ein Bad von flüssigem Stickstoff verwendet wird. Es muß also je nach dem Verhältnis, in dem die beiden Gase gebraucht werden, das in der Anlage be-

---

[1]) Wolgasche Aktiengesellschaft Salolin, Werk St. Petersburg 100 cbm/St., Werk Nishnjnowgorod 30 cbm/St., Bremen-Besigheimer-Ölfabriken Bremen 200 cbm/St., United Soapworks Limited Rotterdam 200 cbm/St., Ardol Co. in Leeds 500 cbm/St.

Fig. 24. Wasserstoffanlage für 200 cbm/St.

Fig. 25.　Wasserstoffanlage für 200 cbm/St

Fig. 26. Wasserstoffanlage für 200 cbm/St.

Fig. 27 Wasserstoffanlage für 200 cbm/St.

Fig. 28. Wasserstoffanlage für 200 cbm/St.

Fig. 29.   Wasserstoff-Stickstoffapparat in Montage.

arbeitete Luftquantum gewählt werden, und der Stickstoff wird dabei fast kostenlos gewonnen. Die Badische Anilin- und Sodafabrik, die die H a b e r schen Patente verwertet, hat deshalb, nachdem sie mit zwei Apparaten, die für Versuchszwecke dienten, gute Erfolge erzielt hatte, der Gesellschaft L i n d e die Apparatur für eine große Anlage in Auftrag gegeben, die im Sommer 1913 in Betrieb kam. Eine Anlage, die für Militärluftschiffe Wasserstoff liefert, wurde von der italienischen Tochtergesellschaft in F e r r a r a gebaut.

Schluſs.

Bisher sind es nur drei Gase, deren billige Herstellung durch die Technik der tiefen Temperaturen ermöglicht wird, Sauerstoff, Stickstoff und Wasserstoff. Aber bei dem geringen Alter dieser Technik ist zu erwarten, daß auch noch andere Gase durch sie der Industrie zugänglich werden. Nur einige Probleme wollen wir noch anführen. Vielleicht wird es in wenigen Jahren wirtschaftlicher sein, das bei der Wasserstofffabrikation abfallende Kohlenoxyd nicht im Motor zu verbrennen, sondern dasselbe entweder in der Zusammensetzung, wie es aus dem Apparat kommt, oder durch Rektifikation von Wasserstoff und Stickstoff befreit, als Ausgangsprodukt für andere Stoffe zu wählen. Formiate und Zyanverbindungen lassen sich in einfachen Prozessen unter Verwendung von Kohlenoxyd herstellen, und es liegen auf diesem Gebiete eine größere Anzahl von Patenten vor. Unsere Luft enthält bekanntlich die sog. Edelgase, Argon, Xenon, Kryton, Neon und Helium. Alle diese Gase sind nur in ganz geringen Mengen in der Luft vorhanden und lassen jede chemische Aktivität vermissen. Eine Trennung ist nur dadurch möglich, daß ihre Siedepunkte weit auseinander liegen, so daß sie durch fraktionierte Verdampfung gewonnen werden können. In den Sauerstoff- und Stickstoffanlagen werden nun täglich große Mengen Luft verflüssigt und zerlegt, und es ist durch geeignete Einrichtungen möglich, diese Gase, wenn auch nicht rein, so doch in einer Zusammensetzung zu gewinnen, die eine Reindarstellung ohne große Kosten möglich macht. In dieser Beziehung ist insbesondere Claude tätig gewesen, indem er für die Gewinnung von Neon ein Verfahren ausarbeitete und die Verwendung dieses Gases in die Beleuchtungstechnik einführte. Heute wird dem Argon eine ähnliche Bedeutung vorausgesagt. Es kann daher für die Sauerstoffwerke die Darstellung der Edelgase ein lohnender Nebenbetrieb werden. Auch die Darstellung eines hochwertigen Leuchtgases aus Mondgas, das gleichzeitig den Vorzug hätte, frei von Kohlenoxyd, also nicht giftig zu sein, ein Verfahren, das Dr. B e d f o r d geschützt ist, benötigt Apparate mit ähnlichen Einrichtungen, wie sie für die Wasserstoffgewinnung gebaut werden. Umfangreiche Probleme liegen auf dem Gebiete der Kohlenwasserstoffe. Die Trennung von Äthylen und Äthan durch Rektifikation ist schon praktisch ausgeführt. Auch die Frage der Gewinnung von Methan aus stark stickstoffhaltigen Erdgasquellen und aus schlagenden Wettern ist schon an die Gesellschaft L i n d e herangetreten.

Allen Problemen, deren Lösung durch die Technik der tiefen Temperaturen möglich erscheint, wird von der Gesellschaft L i n d e die größte Aufmerksamkeit gewidmet. Sie werden wissenschaftlich geprüft und gegebenenfalls auch durch eingehende Versuche weiter verfolgt, und es steht zu hoffen, daß im Laufe der Zeit noch manche Frage gelöst und der Industrie zugänglich gemacht wird.